零基础学技能

U0167215

# 电气控制、识图、变频及PLC应用

## 从零基础到实战

# （图解·视频·案例）

图说帮 编著

中国水利水电出版社
www.waterpub.com.cn

·北京·

# 内容提要

本书是一本专门讲解电气控制、识图、变频及PLC应用技能的图书。

本书以国家职业资格标准为指导，结合行业培训规范，依托典型电气控制案例，全面、细致地介绍了电气控制的功能特点及各类电气控制线路的识图和应用技能。同时，对当前流行的变频技术和PLC技术的应用也进行了深入的解析。

本书内容包含：电工电路基础、电工电路图形符号、电气控制与识图、电工电路中的元器件、电工电路中的电气部件、电动机与电动机驱动控制、供配电电路识图、灯控照明电路识图、电动机控制电路识图、机电设备控制电路识图、农机控制电路识图、电工电路敷设布线、变频器与PLC、PLC触摸屏、变频技术特点与应用、PLC技术特点与应用等。

本书采用全彩图解的方式，讲解全面详细，理论和实践操作相结合，内容由浅入深，语言通俗易懂，非常方便读者学习。

本书采用扫码互动的全新教学模式，在重要知识点相关图文的旁边附印了二维码。读者只要用手机扫描书中相关知识点的二维码，即可在手机上实时观看对应的教学视频或数据资料，帮助读者轻松领会，大大提升了本书内容学习效率。

本书可供电工电子初学者及专业技术人员学习使用，也可供职业院校、培训学校相关专业的师生和电子爱好者阅读。

## 图书在版编目（CIP）数据

电气控制、识图、变频及PLC应用从零基础到实战：图解·视频·案例/ 图说帮编著. -- 北京 ：中国水利水电出版社，2024.5
　　ISBN 978-7-5226-2432-7

　　Ⅰ．①电… Ⅱ．①图… Ⅲ．①PLC技术 Ⅳ．①TM571.61

中国版本图书馆CIP数据核字（2024）第079013号

| 书　　名 | 电气控制、识图、变频及PLC应用从零基础到实战（图解·视频·案例）<br>DIANQI KONGZHI SHITU BIANPIN JI PLC YINGYONG CONG LING JICHU DAO SHIZHAN（TUJIE·SHIPIN·ANLI） |
|---|---|
| 作　　者 | 图说帮 编著 |
| 出版发行 | 中国水利水电出版社<br>（北京市海淀区玉渊潭南路 1号 D座　100038）<br>网址：www.waterpub.com.cn<br>E-mail：zhiboshangshu@163.com<br>电话：（010）62572966-2205/2266/2201（营销中心） |
| 经　　售 | 北京科水图书销售有限公司<br>电话：（010）68545874、63202643<br>全国各地新华书店和相关出版物销售网点 |
| 排　　版 | 北京智博尚书文化传媒有限公司 |
| 印　　刷 | 河北文福旺印刷有限公司 |
| 规　　格 | 185mm×260mm　16开本　15.5印张　346千字 |
| 版　　次 | 2024年5月第1版　2024年5月第1次印刷 |
| 印　　数 | 0001—3000册 |
| 定　　价 | 79.80元 |

电气控制、识图、变频及PLC应用是电工电子领域非常重要的专业技能。

本书从零基础开始，通过实战案例，全面、系统地讲解了各种电气线路的特点、识图、应用及变频和PLC的专业知识和综合应用技能。

## ▌全新的知识技能体系

本书的编写目的是让读者能够在短时间内领会并掌握电气控制线路识图及变频、PLC技术综合应用技能。为此，编者根据国家职业资格标准和行业培训规范，对电气控制的专业知识技能进行了全新的构架。从零基础开始，通过大量的实例，全面系统地讲解电气控制线路及变频、PLC的专业知识。通过大量实际应用案例，生动演示讲解电气控制的技术特点和综合应用技能。

## ▌全新的内容诠释

本书在内容诠释方面极具"视觉冲击力"。整本图书采用彩色印刷，突出重点。内容由浅入深，循序渐进。按照行业培训特色将各知识技能整合成若干"项目模块"输出。知识技能的讲授充分发挥"图说"的特色。大量的结构原理图、效果图、实物照片和操作演示拆解图相互补充。依托实战案例，通过以"图"代"解"、以"解"说"图"的形式向读者最直观地传授电气控制的专业知识和综合应用技能，让读者能够轻松、快速、准确地领会与掌握。

## ▌全新的学习体验

本书开创了全新的学习体验模式。"模块化教学"+"多媒体图解"+"二维码微视频"构成了本书独有的学习特色。首先，在内容选取上，"图说帮"进行了大量的市场调研和资料汇总。根据知识内容的专业特点和行业岗位需求，将学习内容模块化分解。然后依托多媒体图解的方式输出给读者，让读者以"看"代"读"、以"练"代"学"。最后，为了获得更好的学习效果，本书充分考虑读者的学习习惯，在书中增设了"二维码"学习方式。读者可以在书中很多知识技能旁边找到"二维码"，然后通过手机扫描二维码即可打开相关的"微视频"。微视频中有对图书相应内容的有声讲解，有对关键知识技能点的演示操作。全新的学习手段更加增强了自主学习的互动性，不仅提升了学习效率，同时增强了学习的趣味性和效果。

当然，专业的知识和技能我们也一直在学习和探索，由于水平有限，编写时间仓促，书中难免会出现一些疏漏，欢迎读者指正，也期待与您的技术交流。

图说帮
网址：http://www.chinadse.org
联系电话：022-83715667/13114807267
E-mail:chinadse@126.com
地址：天津市南开区榕苑路4号天发科技园8-1-401
邮编：300384

# 全新体系开启全新"学"&"练"模式

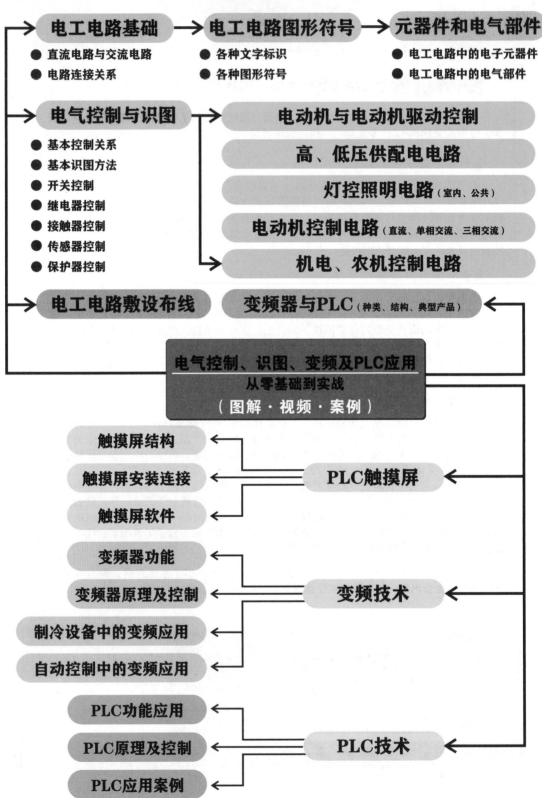

**电工电路基础** → **电工电路图形符号** → **元器件和电气部件**
- 直流电路与交流电路
- 电路连接关系

- 各种文字标识
- 各种图形符号

- 电工电路中的电子元器件
- 电工电路中的电气部件

**电气控制与识图**
- 基本控制关系
- 基本识图方法
- 开关控制
- 继电器控制
- 接触器控制
- 传感器控制
- 保护器控制

电动机与电动机驱动控制

高、低压供配电电路

灯控照明电路（室内、公共）

电动机控制电路（直流、单相交流、三相交流）

机电、农机控制电路

**电工电路敷设布线**　　变频器与PLC（种类、结构、典型产品）

**电气控制、识图、变频及PLC应用**
从零基础到实战
（图解·视频·案例）

触摸屏结构 ←
触摸屏安装连接 ← ← **PLC触摸屏** ←
触摸屏软件 ←

变频器功能 ←
变频器原理及控制 ← ← **变频技术** ←
制冷设备中的变频应用 ←
自动控制中的变频应用 ←

PLC功能应用 ←
PLC原理及控制 ← ← **PLC技术** ←
PLC应用案例 ←

# 第4章　电工电路中的元器件(P54)

# 第5章　电工电路中的电气部件(P68)

## 第8章　灯控照明电路识图(P111)

## 第9章　电动机控制电路识图(P122)

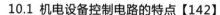
# 第10章 机电设备控制电路识图(P142)

# 第11章 农机控制电路识图(P148)

# 第12章 电工电路敷设布线(P154)

# 第1章
# 电工电路基础

## 1.1 直流电路与交流电路

### 1.1.1 直流电路

直流电路是指电流流向不变的电路，是由直流电源、控制器件及负载（电阻、灯泡、电动机等）构成的闭合导电回路。图1-1所示为简单的直流电路。

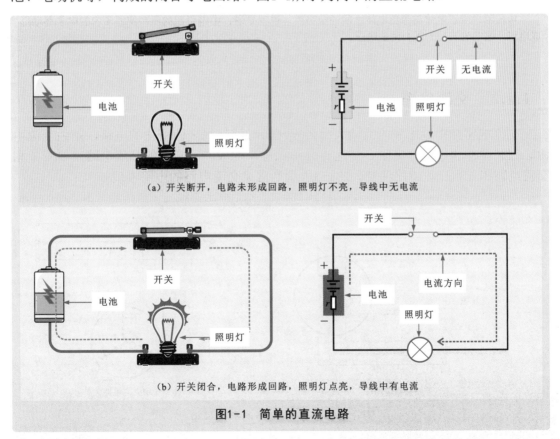

(a) 开关断开，电路未形成回路，照明灯不亮，导线中无电流

(b) 开关闭合，电路形成回路，照明灯点亮，导线中有电流

图1-1 简单的直流电路

🖊 补充说明

电路是将一个控制器件（开关）、一个电池和一个灯泡（负载）通过导线首、尾相连构成的简单直流电路。当开关闭合时，直流电流可以流通，灯泡点亮，此时灯泡处的电压与电池电压值相等；当开关断开时，电流被切断，灯泡熄灭。

在直流电路中，电流和电压是两个非常重要的基本参数，如图1-2所示。

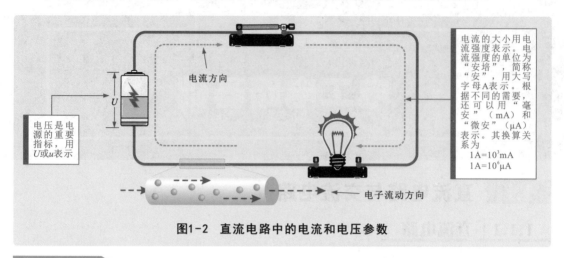

电流方向

$U$

电子流动方向

电压是电源的重要指标，用$U$或$u$表示

电流的大小用电流强度表示。电流强度的单位为"安培"，简称"安"，用大写字母A表示。根据不同的需要，还可以用"毫安"（mA）和"微安"（μA）表示。其换算关系为
$1A = 10^3 mA$
$1A = 10^6 μA$

图1-2  直流电路中的电流和电压参数

**补充说明**

电流是指在一个导体的两端加上电压，导体中的电子在电场作用下做定向运动形成的电子流。

电压就是带正电体与带负电体之间的电势差。也就是说，由电引起的压力使原子内的电子移动形成电流，该电流流动的压力就是电压。

## 1.1.2 | 交流电路

交流电路是指电压和电流的大小和方向随时间做周期性变化的电路，是由交流电源、控制器件和负载（电阻、灯泡、电动机等）构成的。常见的交流电路主要有单相交流电路和三相交流电路两种。图1-3所示为常见交流电路的电路模型。

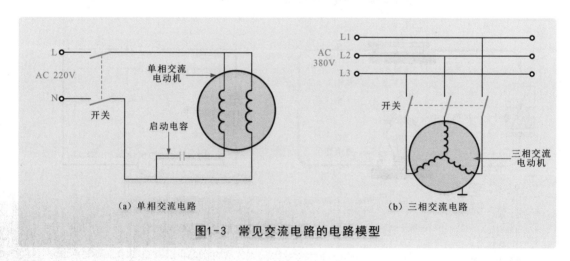

L

AC 220V

N

开关

单相交流电动机

启动电容

（a）单相交流电路

L1

AC 380V

L2

L3

开关

三相交流电动机

（b）三相交流电路

图1-3  常见交流电路的电路模型

### 1 单相交流电路

单相交流电路是指交流220V/50Hz的供电电路。这是我国公共用电的统一标准，交流220V电压是指火线（相线）对零线的电压，一般的家庭用电都是单相交流电路。

如图1-4所示，单相交流电路主要有单相两线式和单相三线式两种。

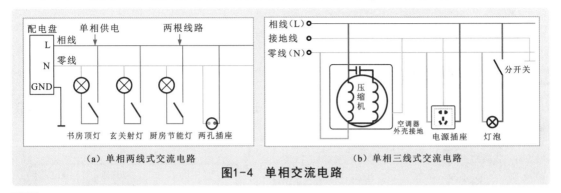

（a）单相两线式交流电路　　　　（b）单相三线式交流电路

图1-4　单相交流电路

## 2 三相交流电路

三相交流电路主要有三相三线式、三相四线式和三相五线式3种。

图1-5所示为典型的三相三线式交流电路。三相三线式交流电路是指由变压器引出3根相线为负载设备供电。高压电经柱上变压器变压后，由变压器引出3根相线，为工厂的电气设备供电，每根相线之间的电压为380V。

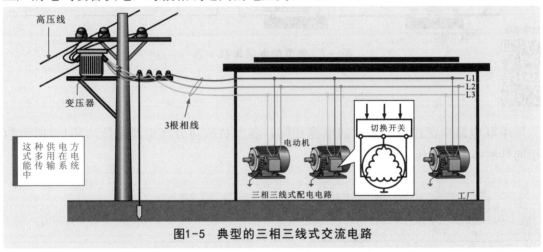

图1-5　典型的三相三线式交流电路

图1-6所示为典型的三相四线式交流电路和三相五线式交流电路。

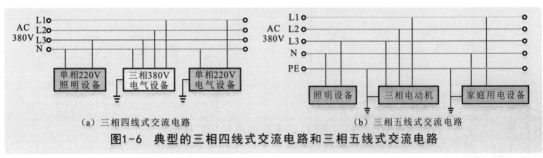

（a）三相四线式交流电路　　　　（b）三相五线式交流电路

图1-6　典型的三相四线式交流电路和三相五线式交流电路

三相四线式交流电路中3根为相线，另1根中性线为零线。

三相五线式交流电路是在三相四线式交流电路的基础上增加1根地线（PE），与本地的大地相连，起保护作用。

# 1.2 电路的基本连接关系

电路的基本连接关系有3种形式，即串联方式、并联方式和混联方式。

## 1.2.1 串联方式

如果电路中两个或多个负载首、尾相连，连接状态是串联的，则称该电路为串联电路。图1-7所示为典型的电路串联关系。

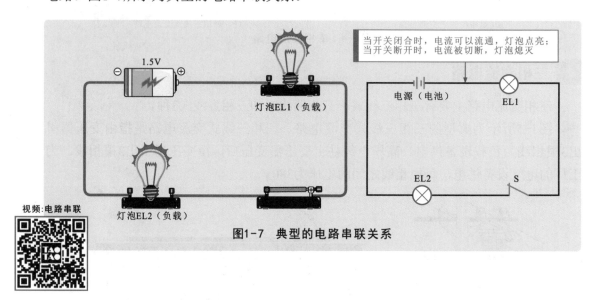

视频：电路串联

图1-7 典型的电路串联关系

串联电路中流过每个负载的电流相同，各个负载将分享电源电压。图1-8所示为相同灯泡串联的电压分配模型。

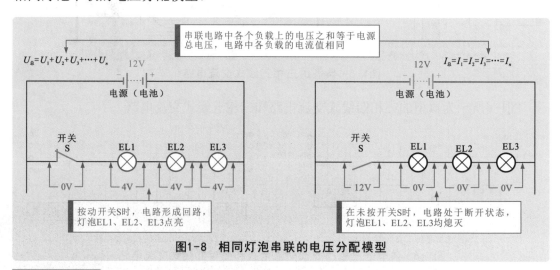

图1-8 相同灯泡串联的电压分配模型

### 补充说明

3个相同的灯泡串联在一起，每个灯泡将得到1/3的电源电压量。每个串联的负载可分到的电压量与自身的电阻有关，即自身电阻较大的负载会得到较大的电压量。

## 1 电阻器串联

　　电阻器串联电路是指将两个以上的电阻器依次首、尾相接，组成中间无分支的电路，是电路中最简单的电路单元。图1-9所示为电阻器串联电路的应用模型。在电阻器串联电路中，只有一条电流通路，流过电阻器的电流都是相等的。这些电阻器的阻值相加就是该电路的总阻值，每个电阻器上的电压根据每个电阻器阻值的大小按比例分配。

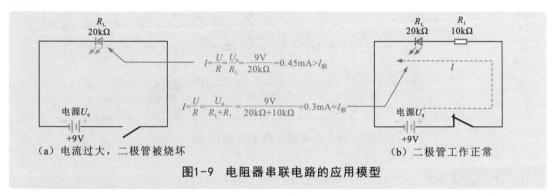

$$I=\frac{U}{R}=\frac{U_o}{R_L}=\frac{9V}{20k\Omega}=0.45mA>I_{额}$$

$$I=\frac{U}{R}=\frac{U_o}{R_L+R_1}=\frac{9V}{20k\Omega+10k\Omega}=0.3mA=I_{额}$$

（a）电流过大，二极管被烧坏　　　　　　　（b）二极管工作正常

**图1-9　电阻器串联电路的应用模型**

### 补充说明

　　图1-9（a）中，发光二极管的额定电流$I_{额}$为0.3mA，工作在9V电压下，可以算出，电流为0.45mA，超过发光二极管的额定电流，当开关接通后，会烧坏发光二极管。图1-9（b）是串联一个电阻器后的工作状态，电阻器和二极管串联后，总电阻值为30kΩ，电压不变，电路电流降为0.3mA，发光二极管可正常发光。

　　图1-10所示为电阻器串联电路的实际应用。

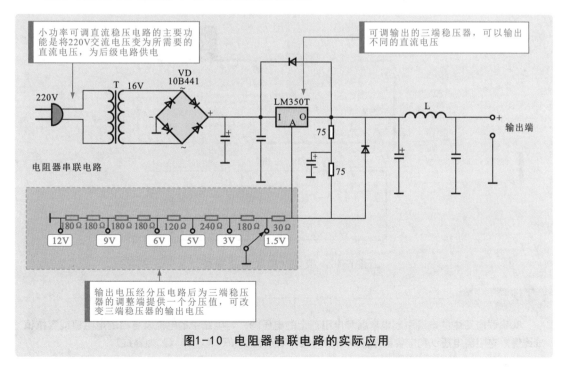

**图1-10　电阻器串联电路的实际应用**

## 2 电容器串联

电容器串联电路是指将两个以上的电容器依次首、尾相接，组成中间无分支的电路。图1-11所示为电容器串联的实际应用。将多个电容器串联可以使电路中的电容器耐压值升高，串联电容器上的电压之和等于总输入电压，具有分压功能。

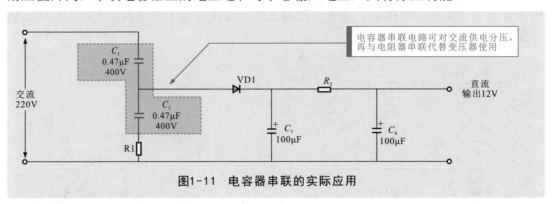

图1-11 电容器串联的实际应用

### 补充说明

C1和C2与电阻R1串联组成分压电路，相当于变压器的作用，有效减少了实物电路的体积。通过改变R1的大小，可以改变电容分压电路中压降的大小，进而改变输出的直流电压值。这种电路与交流市电没有隔离，地线带交流高压，注意防触电问题。

## 3 RC串联

电阻器和电容器串联连接后构建的电路称为RC串联电路。该电路多与交流电源连接。图1-12所示为典型RC串联电路模型。

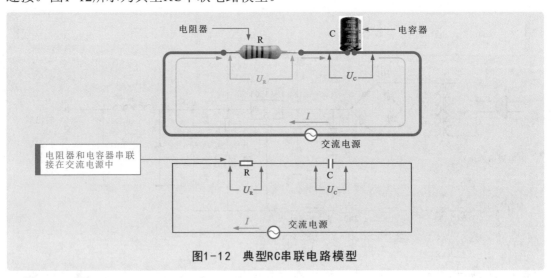

图1-12 典型RC串联电路模型

### 补充说明

RC串联电路中的电流引起电容器和电阻器上的电压降，与电路中的电流及各自的电阻值或容抗值成比例。电阻器电压$U_R$和电容器电压$U_C$用欧姆定律表示为$U_R=IR$、$U_C=IX_C$（$X_C$为容抗）。

### 4 LC串联

LC串联谐振电路是指将电感器和电容器串联后形成的，且为谐振状态（关系曲线具有相同的谐振点）的电路。图1-13所示为串联谐振电路及电流和频率的关系曲线。

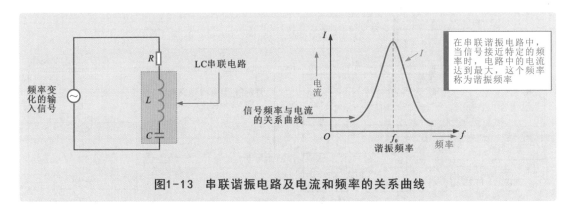

图1-13 串联谐振电路及电流和频率的关系曲线

## 1.2.2 并联方式

两个或两个以上负载的两端都与电源两端相连，则连接状态是并联的，称该电路为并联电路。图1-14所示为典型的电路并联关系。

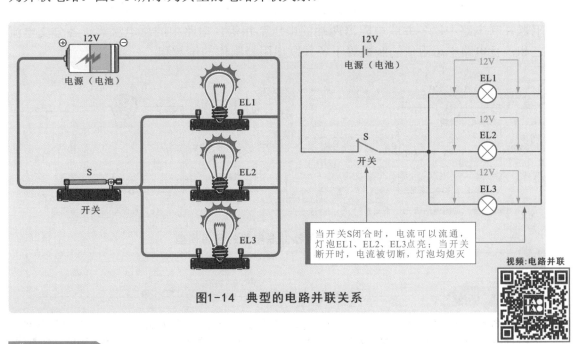

图1-14 典型的电路并联关系

视频:电路并联

> 补充说明
>
> 在并联的状态下，每个负载的工作电压都等于电源电压，不同支路中会有不同的电流通路。
> 当支路的某一点出现问题时，该支路将变成断路状态，照明灯会熄灭，但其他支路依然正常工作，不受影响。

在并联电路中，每个负载相对其他负载都是独立的，即有多少个负载就有多少条电流通路。例如，图1-15所示为两个灯泡的并联电路，由于是两盏灯并联，因此就有两条电流通路，当其中一个灯泡坏了，则该条电流通路不能工作，而另一条电流通路是独立的，并不会受到影响，因此，另一个灯泡仍然能正常工作。

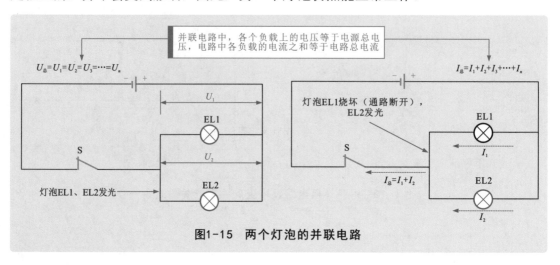

图1-15 两个灯泡的并联电路

## 1 电阻器并联

将两个或两个以上的电阻器按首首和尾尾方式连接起来，并接在电路的两点之间，这种电路称为电阻器并联电路。图1-16所示为电阻器并联电路的应用模型。在电阻器并联电路中，各并联电阻器两端的电压都相等，电路中的总电流等于各分支电流之和，且电路中总阻值的倒数等于各并联电阻器阻值的倒数和。

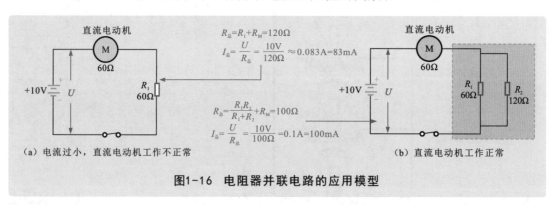

图1-16 电阻器并联电路的应用模型

### 补充说明

电路中，直流电动机的额定电压为6V，额定电流为100mA，电动机的内阻$R_M$为60Ω，当把一个60Ω的电阻器R1串联接到10V电源两端后，根据欧姆定律计算出的电流约为83mA，达不到电动机的额定电流。

在没有阻值更小的电阻器情况下，将一个120Ω的电阻器R2并联在R1上，根据并联电路中总阻值计算公式可得$R_总$=100Ω，则电路中的电流$I_总$变为100mA，达到直流电动机的额定电流，电路可正常工作。

图1-17所示为电阻器并联的实际应用。

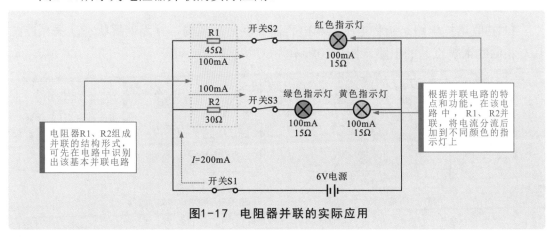

电阻器R1、R2组成并联的结构形式，可先在电路中识别出该基本并联电路

根据并联电路的特点和功能，在该电路中，R1、R2并联，将电流分流后加到不同颜色的指示灯上

图1-17　电阻器并联的实际应用

## 2　RC并联

电阻器和电容器并联连接在交流电源两端，称为RC并联电路，如图1-18所示。与所有并联电路相似，在RC并联电路中，电压$U$直接加在各个支路上，因此各支路的电压相等，都等于电源电压，即$U=U_R=U_C$，并且三者之间的相位相同。

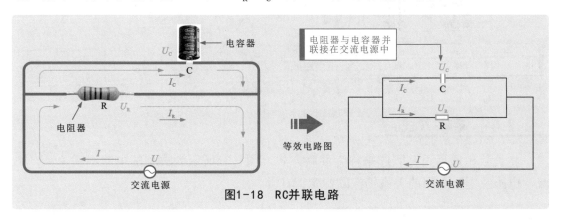

电阻器与电容器并联接在交流电源中

图1-18　RC并联电路

图1-19所示为RC滤波电路。

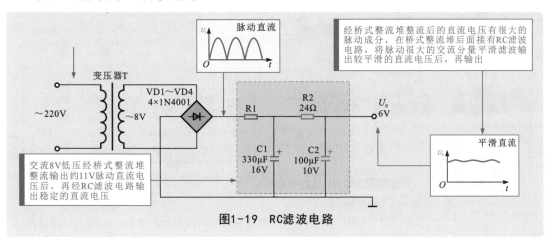

经桥式整流堆整流后的直流电压有很大的脉动成分，在桥式整流堆后面接有RC滤波电路，将脉动很大的交流分量平滑滤波输出较平滑的直流电压后，再输出

交流8V低压经桥式整流堆整流输出约11V脉动直流电压后，再经RC滤波电路输出稳定的直流电压

图1-19　RC滤波电路

### 3 LC并联

LC并联谐振电路是指将电感器和电容器并联后形成的，且为谐振状态（关系曲线具有相同的谐振点）的电路。图1-20所示为LC并联电路。

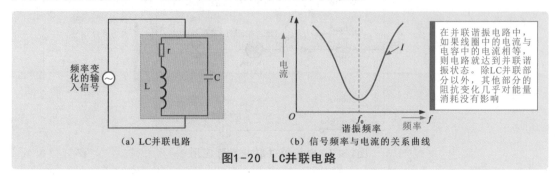

（a）LC并联电路　　　　　（b）信号频率与电流的关系曲线

**图1-20　LC并联电路**

图1-21所示为LC滤波电路。

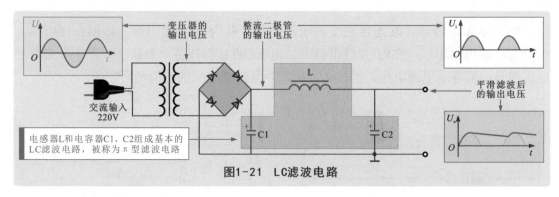

**图1-21　LC滤波电路**

## 1.2.3 混联方式

将负载串联后再并联起来称为混联方式。图1-22所示为典型的电路混联关系。电流、电压及电阻之间的关系仍按欧姆定律计算。

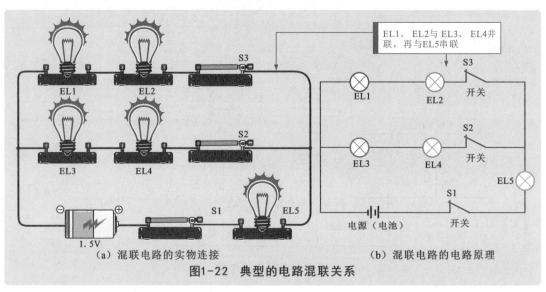

（a）混联电路的实物连接　　　　　（b）混联电路的电路原理

**图1-22　典型的电路混联关系**

# 第2章
# 电工电路图形符号

## 2.1 文字符号标识

### 2.1.1 基本文字符号

文字符号是电工电路中常用的一种字符代码，一般标注在电路中电气设备、装置和元器件的近旁，以标识其种类和名称。

图2-1所示为电工电路中的基本文字符号。

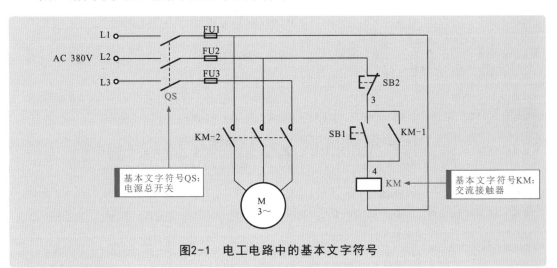

图2-1 电工电路中的基本文字符号

> **补充说明**
>
> 通常，基本文字符号一般分为单字母符号和双字母符号。其中，单字母符号是按拉丁字母将各种电气设备、装置、元器件划分为23个大类，每大类用一个大写字母表示。例如，R表示电阻器类，S表示开关选择器类。在电工电路中，单字母优先选用。
>
> 双字母符号由一个表示种类的单字母符号与另一个字母组成。通常为单字母符号在前、另一个字母在后的组合形式。例如，F表示保护器件类，FU表示熔断器；G表示电源类，GB表示蓄电池（B为蓄电池英文名称battery的首字母大写）；T表示变压器类，TA表示电流互感器（A为电流表的英文名称ammeter的首字母大写）。

电工电路中常见的基本文字符号主要有组件部件、变换器、电容器、半导体器件等。图2-2所示为电气电路中的基本文字符号。

| 种类 | 组件部件 | | | | | | | | | | | |
|---|---|---|---|---|---|---|---|---|---|---|---|---|
| 字母符号 | A | | | A/AB | A/AD | A/AF | A/AG | A/AJ | A/AM | A/AV | A/AP | A/AT |
| 中文名称 | 分立元件放大器 | 激光器 | 调节器 | 电桥 | 晶体管放大器 | 频率调节器 | 给定积分器 | 集成电路放大器 | 磁放大器 | 电子管放大器 | 印制电路板、脉冲放大器 | 抽屉柜触发器 |

| 种类 | 组件部件 | | 变换器（从非电量到电量或从电量到非电量） | | | | | | | |
|---|---|---|---|---|---|---|---|---|---|---|
| 字母符号 | A/ATR | A/AR、AVR | B | | | | | | B/BC | B/BO |
| 中文名称 | 转矩调节器 | 支架盘、电动机、放大器（调压器） | 热电传感器、热电池、光电池 | 测功计、晶体转换器、送话器 | 拾音器、扬声器、耳机 | 自整角机、旋转变压器 | 模拟和多级数字变换器或传感器 | | 电流变换器 | 光电耦合器 |

| 种类 | 变换器（从非电量到电量或从电量到非电量） | | | | | | | | 电容器 | | |
|---|---|---|---|---|---|---|---|---|---|---|---|
| 字母符号 | B/BP | B/BPF | B/BQ | B/BR | B/BT | B/BU | B/BUF | B/BV | C | C/CD | C/CH |
| 中文名称 | 压力变换器 | 触发器 | 位置变换器 | 旋转变换器 | 温度变换器 | 电压变换器 | 电压—频率变换器 | 速度变换器 | 电容器 | 电流微分环节 | 斩波器 |

| 种类 | 二进制单元、延迟器件、存储器件 | | | | | | | | | | | 杂项 | |
|---|---|---|---|---|---|---|---|---|---|---|---|---|---|
| 字母符号 | D | | | | | | D/DA | D/ D(A)N | D/DN | D/DO | D/DPS | E | E/EH |
| 中文名称 | 数字集成电路和器件 | 延迟线、双稳态元件 | 单稳态元件、磁芯存储器 | 寄存器、磁芯存储器 | 盘式磁记录机 | 光器件、热器件 | 与门 | 与非门 | 非门 | 或门 | 数字信号处理器 | 本表其他地方未提及的元件 | 发热器件 |

| 种类 | 杂项 | | 保护器件 | | | | | | | | 发电机、电源 | |
|---|---|---|---|---|---|---|---|---|---|---|---|---|
| 字母符号 | E/EL | E/EV | F | F/FA | F/FB | F/FF | F/FR | F/FS | F/FU | F/FV | G | G/GS |
| 中文名称 | 照明灯 | 空气调节器 | 过电压放电器件、避雷器 | 具有瞬时动作的限流保护器件 | 反馈环节 | 快速熔断器 | 具有延时动作的限流保护器件 | 具有延时和瞬时动作的限流保护器件 | 熔断器 | 限压保护器件 | 旋转发电机、振荡器 | 发生器、同步发电机 |

| 种类 | 发电机、电源 | | | | | | 信号器件 | | | | 继电器、接触器 |
|---|---|---|---|---|---|---|---|---|---|---|---|
| 字母符号 | G/GA | G/GB | G/GF | G/GD | G/G-M | G/GT | H | H/HA | H/HL | H/HR | K |
| 中文名称 | 异步发电机 | 蓄电池 | 旋转式或固定式变频机、函数发生器 | 驱动器 | 发电机—电动机组 | 触发器（装置） | 信号器件 | 声响指示器 | 光指示器、指示灯 | 热脱扣器 | 继电器 |

| 种类 | 继电器、接触器 | | | | | | | | | | | |
|---|---|---|---|---|---|---|---|---|---|---|---|---|
| 字母符号 | K/KA | K/KC | | K/KG | K/KL | K/KM | K/KFM | K/KFR | K/KP | K/KT | K/KTP | K/KR |
| 中文名称 | 瞬时接触继电器、瞬时有或无继电器 | 交流接触器、电流继电器 | 控制继电器 | 气体继电器 | 闭锁接触继电器、双稳态继电器 | 接触器、中间继电器 | 正向接触器 | 反向接触器 | 极化继电器、簧片继电器、功率继电器 | 延时有或无继电器、时间继电器 | 温度继电器、跳闸继电器 | 逆流继电器 |

| 种类 | 继电器、接触器 | | 电感器、电抗器 | | | | 电动机 | | | | | | |
|---|---|---|---|---|---|---|---|---|---|---|---|---|---|
| 字母符号 | K/KVC | K/KVV | L | | L/LA | L/LB | M | M/MC | M/MD | M/MS | M/MG | M/MT | M/ MW（R） |
| 中文名称 | 欠电流继电器 | 欠电压继电器 | 感应线圈、线路陷波器 | 电抗器（并联和串联） | 桥臂电抗器 | 平衡电抗器 | 电动机 | 笼型电动机 | 直流电动机 | 同步电动机 | 可作为发电机或电动机用的电动机 | 力矩电动机 | 绕线转子电动机 |

图2-2　电气电路中的基本文字符号

| 种类 | 模拟集成电路 | 测量设备、试验设备 | | | | | | | | | |
|---|---|---|---|---|---|---|---|---|---|---|---|
| 字母符号 | N | P | P / PA | P / PC | P / PJ | P / PLC | P / PRC | P / PS | P / PT | P / PV | P / PWM |
| 中文名称 | 运算放大器、模拟/数字混合器件 | 指示器件、记录器件 | 计算测量器件、信号发生器 | 电流表 | （脉冲）计数器 | 电度表（电能表） | 可编程控制器 | 环形计数器 | 记录仪器、信号发生器 | 时钟、操作时间表 | 电压表 | 脉冲调制器 |

| 种类 | 电力电路的开关 | | | | | 电阻器 | | | | |
|---|---|---|---|---|---|---|---|---|---|---|
| 字母符号 | Q / QF | Q / QK | Q / QL | Q / QM | Q / QS | R | R / RP | R / RS | R / RT | R / RV |
| 中文名称 | 断路器 | 刀开关 | 负荷开关 | 电动机保护开关 | 隔离开关 | 电阻器 | 变阻器 | 可调电阻器（电位器） | 测量分流器 | 热敏电阻器 | 压敏电阻器 |

| 种类 | 控制电路的开关选择器 | | | | | | | | | 变压器 | | |
|---|---|---|---|---|---|---|---|---|---|---|---|---|
| 字母符号 | S | S / SA | S / SB | S / SL | S / SM | S / SP | S / SQ | S / SR | S / ST | T / TA | T / TAN | T / TC |
| 中文名称 | 拨号接触器连接极 | 机电式有或无传感器 | 控制开关、选择开关、电子模拟开关 | 按钮开关、停止按钮 | 液体标高传感器 | 主令开关、伺服电动机 | 压力传感器 | 位置传感器 | 转速传感器 | 温度传感器 | 电流互感器 | 零序电流互感器 | 控制电路电源用变压器 |

| 种类 | 变压器 | | | | | | | 调制器、变换器 | | | | |
|---|---|---|---|---|---|---|---|---|---|---|---|---|
| 字母符号 | T / TI | T / TM | T / TP | T / TR | T / TS | T / TU | T / TV | U | U / UR | U / UI | U / UPW | U / UD | U / UF |
| 中文名称 | 逆变变压器 | 电力变压器 | 脉冲变压器 | 整流变压器 | 磁稳压器 | 自耦变压器 | 电压互感器 | 鉴频器、编码器、交流器、电报译码器 | 变流器、整流器 | 逆变器 | 脉冲调制器 | 解调器 | 变频器 |

| 种类 | 电真空器件、半导体器件 | | | | | | | 传输通道、波导、天线 | | |
|---|---|---|---|---|---|---|---|---|---|---|
| 字母符号 | V | V / VC | V / VD | V / VE | V / VZ | V / VT | V / VS | W | W / WB | W / WF |
| 中文名称 | 气体放电管、二极管、晶体管、晶闸 | 控制电路用电源的整流器 | 二极管 | 电子管 | 稳压二极管 | 晶体三极管、场效应晶体管 | 晶闸管 | 导线、电缆、波导、波导定向耦合器 | 偶极天线、抛物面天线 | 母线 | 闪光信号小母线 |

| 种类 | 端子、插头、插座 | | | | | 电气操作的机械装置 | | | | |
|---|---|---|---|---|---|---|---|---|---|---|
| 字母符号 | X | X / XB | X / XJ | X / XP | X / XS | X / XT | Y | Y / YA | Y / YB | Y / YC | Y / YH |
| 中文名称 | 连接插头和插座、接线柱 | 电缆封端和接头、焊接端子板 | 连接片 | 测试插孔 | 插头 | 插座 | 端子板 | 气阀 | 电磁铁 | 电磁制动器 | 电磁离合器 | 电磁吸盘 |

| 种类 | 电气操作的机械装置 | | 终端设备、混合变压器、滤波器、均衡器、限幅器 | | | | |
|---|---|---|---|---|---|---|
| 字母符号 | Y / YM | Y / YV | Z | | | | |
| 中文名称 | 电动阀 | 电磁阀 | 电缆平衡网络 | 晶体滤波器 | 压缩扩展器 | 网络 | |

图2-2（续）

## 2.1.2 | 辅助文字符号

电气设备、装置和元器件的种类和名称可用基本文字符号表示，而它们的功能、状态和特征则用辅助文字符号表示。图2-3所示为典型电工电路中的辅助文字符号标识。

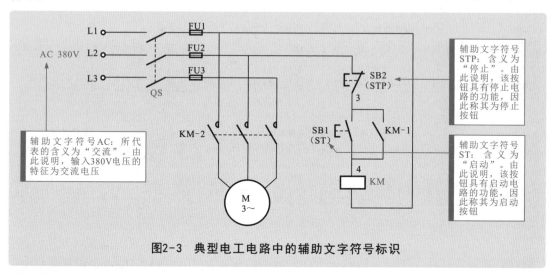

图2-3 典型电工电路中的辅助文字符号标识

**补充说明**

辅助文字符号通常由表示功能、状态和特征的英文单词前一、二位字母构成，也可由常用缩略语或约定俗成的习惯用法构成，一般不能超过三位字母。例如，IN表示输入，ON表示闭合，STE表示步进；表示"启动"采用START的前两位字母ST；表示"停止（STOP）"的辅助文字符号必须再加一个字母，为STP。辅助文字符号也可以放在表示种类的单字母符号后边组成双字母符号，此时，辅助文字符号一般采用表示功能、状态和特征的英文单词的第一个字母。例如，ST表示启动，YB表示电磁制动等。

某些辅助文字符号本身具有独立的、确切的意义，也可以单独使用。例如，N表示交流电源的中性线，DC表示直流电，AC表示交流电，PE表示保护接地等。图2-4所示为电气电路中常用的辅助文字符号。

| 文字符号 | A | AC | A，AUT | ACC | ADD | ADJ | AUX | ASY | B，BRK | BK |
|---|---|---|---|---|---|---|---|---|---|---|
| 名称 | 电流 | 模拟 | 交流 | 自动 | 加速 | 附加 | 可调 | 辅助 | 异步 | 制动 | 黑 |
| 文字符号 | BL | BW | C | CW | CCW | D | | | DC | DEC |
| 名称 | 蓝 | 向后 | 控制 | 顺时针 | 逆时针 | 延时（延迟） | 差动 | 数字 | 降 | 直流 | 减 |
| 文字符号 | E | EM | F | FB | FW | GN | H | IN | IND | INC | L |
| 名称 | 接地 | 紧急 | 快速 | 反馈 | 正、向前 | 绿 | 高 | 输入 | 感应 | 增 | 左 |

图2-4 电气电路中常用的辅助文字符号

| 文字符号 | L | LA | M | | M，MAN | N | ON | OFF | OUT |
|---|---|---|---|---|---|---|---|---|---|
| 名称 | 限制 | 低 | 闭锁 | 主 | 中 | 中间线 | 手动 | 中性线 | 闭合 | 断开 | 输出 |

| 文字符号 | P | PE | PEN | PU | R | | RD | RES | R,RST |
|---|---|---|---|---|---|---|---|---|---|
| 名称 | 压力 | 保护 | 保护接地 | 保护接地与中性线共用 | 不接地保护 | 记录 | 右 | 反 | 红 | 备用 | 复位 |

| 文字符号 | RUN | S | SAT | ST | S,SET | STE | STP | SYN | T | | TE |
|---|---|---|---|---|---|---|---|---|---|---|---|
| 名称 | 运转 | 信号 | 饱和 | 启动 | 位置、定位 | 步进 | 停止 | 同步 | 温度 | 时间 | 无噪声（防干扰）接地 |

| 文字符号 | V | | | WH | YE |
|---|---|---|---|---|---|
| 名称 | 真空 | 电压 | 速度 | 白 | 黄 |

图2-4（续）

## 2.1.3 组合文字符号

组合文字符号通常由字母+数字代码构成，是目前最常采用的一种文字符号。其中，字母表示各种电气设备、装置和元器件的种类或名称（为基本文字符号），数字表示其对应的编号（序号）。图2-5所示为典型电工电路中组合文字符号的标识。

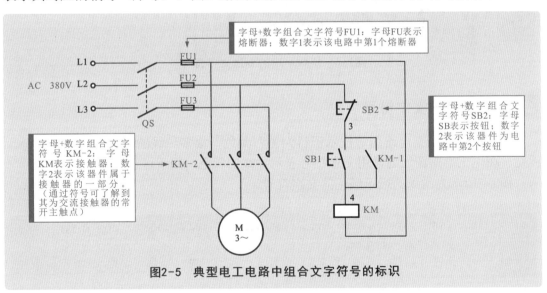

图2-5 典型电工电路中组合文字符号的标识

将数字代码与字母符号组合起来使用，可说明同一类电气设备、元器件的不同编号。例如，电工电路中有3个相同类型的继电器，其文字符号分别标识为KA1、KA2、KA3。反过来说，在电工电路中，相同字母标识的器件为同一类器件，则字母后面的数字最大值表示该电路中该器件的总个数。

> **补充说明**
>
> 图2-5中，以字母FU作为文字标识的器件有3个，即FU1、FU2、FU3，分别表示该电路中的第1个熔断器、第2个熔断器、第3个熔断器，表明该电路中有3个熔断器；KM-1、KM-2中的基本文字符号均为KM，说明这两个器件与KM属于同一个器件，是KM中包含的两个部分，即交流接触器KM中的两个触点。

## 2.1.4 专用文字符号

在电工电路中，有时为了清楚地表示接线端子和特定导线的类型、颜色或用途，通常用专用文字符号表示。

### 1 表示接线端子和特定导线的专用文字符号

在电工电路图中，一些具有特殊用途的接线端子、导线等通常采用一些专用文字符号进行标识，这里归纳总结了一些常用的特殊用途的专用文字符号。

图2-6所示为特殊用途的专用文字符号。

| 文字符号 | L1 | L2 | L3 | N | U | V | W | L+ | L- | M | E | PE |
|---|---|---|---|---|---|---|---|---|---|---|---|---|
| 名称 | 交流系统中电源第一相 | 交流系统中电源第二相 | 交流系统中电源第三相 | 中性线 | 交流系统中设备第一相 | 交流系统中设备第二相 | 交流系统中设备第三相 | 直流系统电源正极 | 直流系统电源负极 | 直流系统电源中间线 | 接地 | 保护接地 |

| 文字符号 | PU | PEN | TE | MM | CC | AC | DC |
|---|---|---|---|---|---|---|---|
| 名称 | 不接地保护 | 保护接地线和中间线共用 | 无噪声接地 | 机壳或机架 | 等电位 | 交流电 | 直流电 |

图2-6 特殊用途的专用文字符号

### 2 表示颜色的文字符号

由于大多数电工电路图等技术资料为黑白颜色，很多导线的颜色无法正确区分，因此，在电工电路图上通常用文字符号表示导线的颜色，用于区分导线的功能。

图2-7所示为常见的表示颜色的文字符号。

| 文字符号 | RD | YE | GN | BU | VT | WH | GY | BK | BN | OG | GNYE | SR |
|---|---|---|---|---|---|---|---|---|---|---|---|---|
| 颜色 | 红 | 黄 | 绿 | 蓝 | 紫、紫红 | 白 | 灰、蓝灰 | 黑 | 棕 | 橙 | 绿黄 | 银白 |

| 文字符号 | TQ | GD | PK |
|---|---|---|
| 颜色 | 青绿 | 金黄 | 粉红 |

图2-7 常见的表示颜色的文字符号

除了上述几种基本的文字符号外，为了实现与国际接轨，近几年生产的大多数电气仪表中也都采用了大量的英文语句或单词，甚至是缩写等作为文字符号来表示仪表的类型、功能、量程和性能等。

通常，一些文字符号直接用于标识仪表的类型及名称，有些文字符号则表示仪表上的相关量程、用途等。图2-8所示为其他常见的专用文字符号。

| 符号 | A | mA | μA | kA | Ah | V | mV | kV | W | kW | var | Wh |
|---|---|---|---|---|---|---|---|---|---|---|---|---|
| 名称 | 安培表（电流表） | 毫安表 | 微安表 | 千安表 | 安培小时表 | 伏特表（电压表） | 毫伏表 | 千伏表 | 瓦特表（功率表） | 千瓦表 | 乏表（无功功率表） | 电度表（瓦时表） |

| 符号 | varh | Hz | λ | cosφ | φ | Ω | MΩ | n | h | θ(t°) | ± | ΣA |
|---|---|---|---|---|---|---|---|---|---|---|---|---|
| 名称 | 乏时表 | 频率表 | 波长表 | 功率因数表 | 相位表 | 欧姆表 | 兆欧表 | 转速表 | 小时表 | 温度表（计） | 极性表 | 测量仪表（如电量测量表） |

| 符号 | DCV | DCA | ACV | OHM (OHMS) | BATT | OFF | MODEL | HEF | COM | ON/OFF | HOLD | MADE IN CHINA |
|---|---|---|---|---|---|---|---|---|---|---|---|---|
| 含义 | 直流电压 | 直流电流 | 交流电压 | 欧姆 | 电池 | 关、关机 | 型号 | 晶体三极管直流电流放大倍数测量孔与挡位 | 模拟地公共插口 | 开/关 | 数据保持 | 中国制造 |
| 用途 | 直流电压测量 | 直流电流测量 | 交流电压测量 | 欧姆阻值的测量 | | | | | | | | |
| 备注 | 用V或V-表示 | 用A或A-表示 | 用V或V～表示 | 用Ω或R表示 | | | | | | | | |

图2-8 其他常见的专用文字符号

## 2.2 图形符号标识

当看到一张电气控制线路图时，其所包含的不同元器件、装置、线路及安装连接等并不是这些物理部件的实际外形，而是由每种物理部件对应的图样或简图进行体现的，这种"图样"和"简图"称为图形符号。

图形符号是构成电气控制线路图的基本单元，就像一篇文章中的"词汇"。因此，要理解电气控制线路的原理，首先要正确地了解、熟悉和识别这些符号的形式、内容、含义，以及它们之间的相互关系。

### 2.2.1 电子元器件的图形符号

电子元器件是构成电工电路的基本电子器件，常用的电子元器件有很多种，且每种电子元器件都用其自己的图形符号进行标识。

图2-9所示为典型的光控照明电工实用电路。识读图中电子元器件的图形符号含义，可建立起与实物电子元器件的对应关系，这是学习识图的第一步。

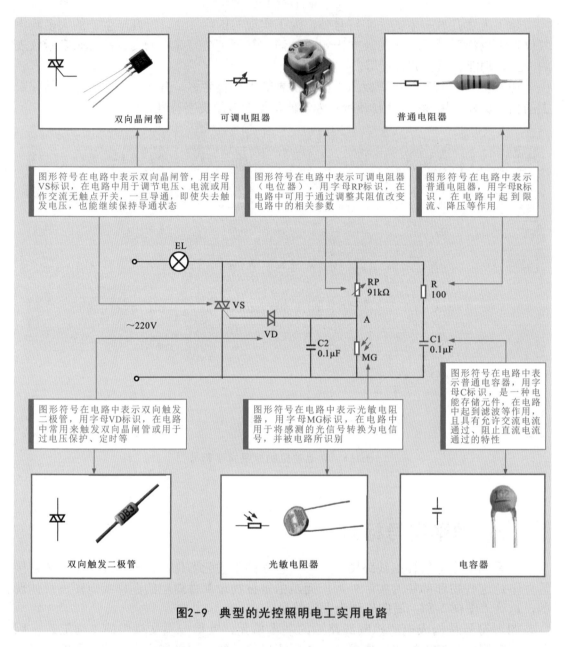

图2-9  典型的光控照明电工实用电路

电工电路中，常用的电子元器件主要有电阻器、电容器、电感器、二极管、三极管、场效应晶体管和晶闸管等。图2 10所示为常用电子元器件的图形符号。

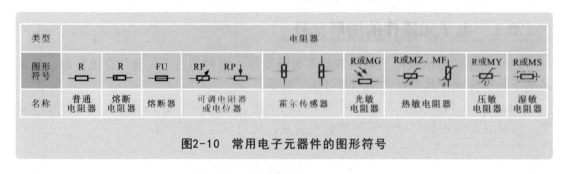

图2-10  常用电子元器件的图形符号

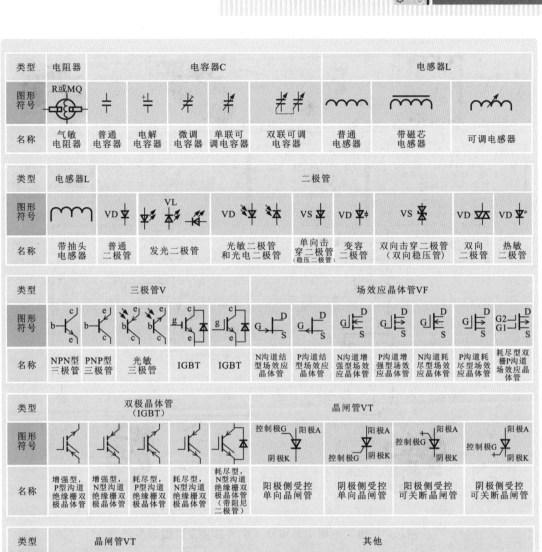

| 类型 | 电阻器 | 电容器C | | | | | 电感器L | | |
|---|---|---|---|---|---|---|---|---|---|
| 图形符号 | R或MΩ | | | | | | | | |
| 名称 | 气敏电阻器 | 普通电容器 | 电解电容器 | 微调电容器 | 单联可调电容器 | 双联可调电容器 | 普通电感器 | 带磁芯电感器 | 可调电感器 |

| 类型 | 电感器L | 二极管 | | | | | | | |
|---|---|---|---|---|---|---|---|---|---|
| 图形符号 | | VD | VL | | VD | VS | VD | VS | VD VD |
| 名称 | 带抽头电感器 | 普通二极管 | 发光二极管 | 光敏二极管和光电二极管 | 单向击穿二极管(稳压二极管) | 变容二极管 | 双向击穿二极管(双向稳压管) | 双向二极管 | 热敏二极管 |

| 类型 | 三极管V | | | | | 场效应晶体管VF | | | | | |
|---|---|---|---|---|---|---|---|---|---|---|---|
| 图形符号 | b c e | b c e | e c | g c e | g c e | G D S | G D S | G D S | G D S | G D S | G2 G1 D S |
| 名称 | NPN型三极管 | PNP型三极管 | 光敏三极管 | IGBT | IGBT | N沟道结型场效应晶体管 | P沟道结型场效应晶体管 | N沟道增强型场效应晶体管 | P沟道增强型场效应晶体管 | N沟道耗尽型场效应晶体管 | P沟道耗尽型场效应晶体管 | 耗尽型双栅P沟道场效应晶体管 |

| 类型 | 双极晶体管（IGBT） | | | | 晶闸管VT | | | |
|---|---|---|---|---|---|---|---|---|
| 图形符号 | | | | | 控制极G 阳极A 阴极K | 阳极A 控制极G 阴极K | 阳极A 控制极G 阴极K | 阳极A 控制极G 阴极K |
| 名称 | 增强型,P型沟道绝缘栅双极晶体管 | 增强型,N型沟道绝缘栅双极晶体管 | 耗尽型,P型沟道绝缘栅双极晶体管 | 耗尽型,N型沟道绝缘栅双极晶体管(带阻尼二极管) | 阳极侧受控单向晶闸管 | 阴极侧受控单向晶闸管 | 阳极侧受控可关断晶闸管 | 阴极侧受控可关断晶闸管 |

| 类型 | 晶闸管VT | 其他 | | | | | | |
|---|---|---|---|---|---|---|---|---|
| 图形符号 | 第二电极T2 控制极G 第一电极T1 | | | | | | ≥1 | ≥1 |
| 名称 | 双向晶闸管 | 两电极压电晶体 | 三电极压电晶体 | 光电耦合器 | 电池 | 电池组 | 或门 | 或非门 |

图2-10（续）

## 2.2.2 低压电气部件的图形符号

低压电气部件是指用于低压供配电线路中的部件，在电工电路中的应用十分广泛。低压电气部件的种类和功能不同，应根据其相应的图形符号识别。

图2-11所示为电工电路中常用低压电气部件的图形符号。

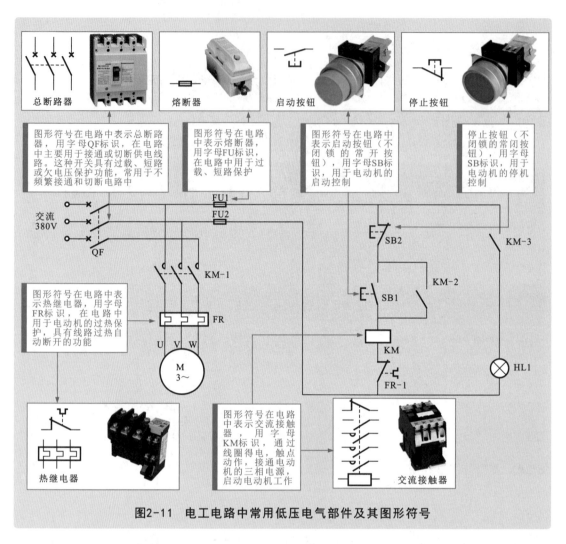

图2-11　电工电路中常用低压电气部件及其图形符号

　　电工电路中，常用的低压电气部件主要包括交直流接触器、各种继电器、低压开关等。图2-12所示为常用低压电气部件的图形符号。

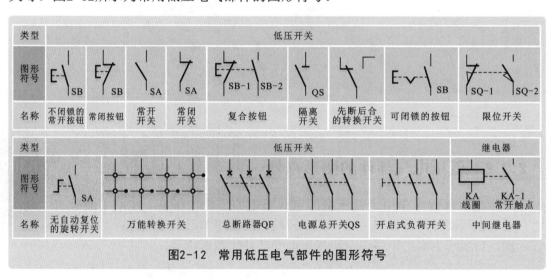

图2-12　常用低压电气部件的图形符号

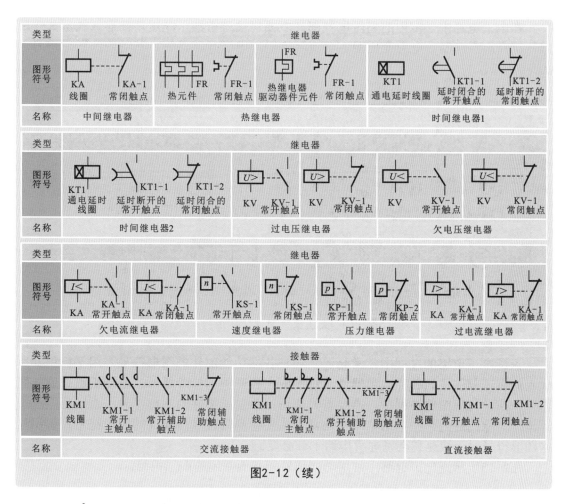

图2-12（续）

## 2.2.3 高压电气部件的图形符号

高压电气部件是指应用于高压供配电线路中的电气部件。在电工电路中，高压电气部件都用于电力供配电线路中，通常在电路图中也是由其相应的图形符号标识。

图2-13所示为典型的高压配电线路图。

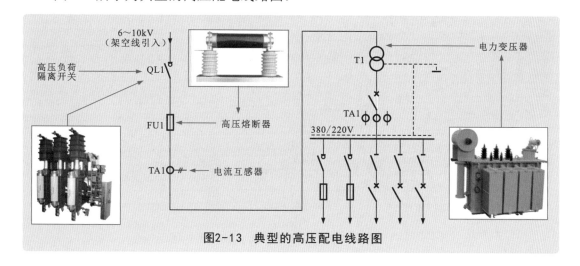

图2-13 典型的高压配电线路图

在电工电路中，常用的高压电气部件主要包括避雷器、高压熔断器（跌落式熔断器）、高压断路器、电力变压器、电流互感器、电压互感器等。其对应的图形符号如图2-14所示。

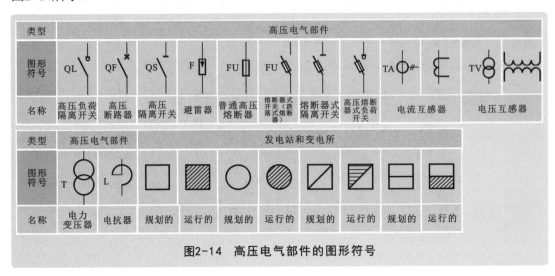

图2-14　高压电气部件的图形符号

识读电工电路的过程中常常会遇到各种各样功能部件的图形符号，用于标识其所代表的物理部件，如各种电声器件、灯控或电控开关、信号器件、电动机、普通变压器等。在学习识图的过程中，需要首先认识这些功能部件的图形符号，否则将无法理解电路。除此之外，在电工电路中还常常需要绘制具有专门含义的图形符号，认识这些图形符号对于快速和准确理解电路十分必要。

图2-15所示为电工电路中常用功能部件和其他常用的图形符号。

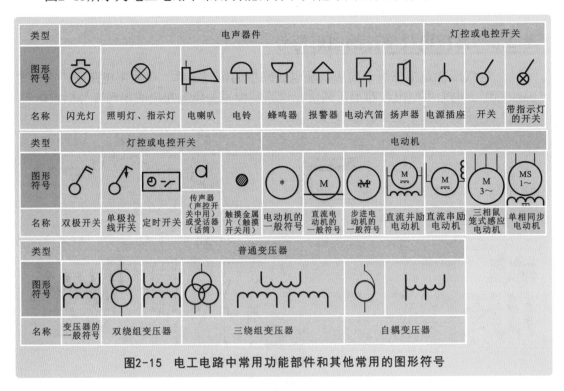

图2-15　电工电路中常用功能部件和其他常用的图形符号

# 第3章

# 电气控制与识图

## 3.1 电工电路的基本控制关系

### 3.1.1 点动控制

在电气控制线路中，点动控制是指通过点动按钮实现受控设备的启、停控制，即按下点动按钮，受控设备得电启动；松开启动按钮，受控设备失电停止。

图3-1所示为典型点动控制电路，该电路由点动按钮SB1实现电动机的点动控制。

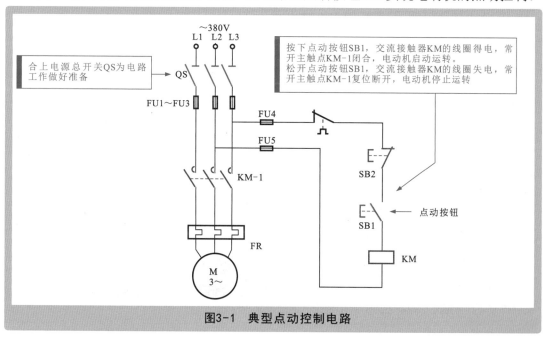

合上电源总开关QS为电路工作做好准备

按下点动按钮SB1，交流接触器KM的线圈得电，常开主触点KM-1闭合，电动机启动运转。
松开点动按钮SB1，交流接触器KM的线圈失电，常开主触点KM-1复位断开，电动机停止运转

点动按钮

图3-1 典型点动控制电路

### 3.1.2 自锁控制

在电动机控制电路中，按下启动按钮，电动机在交流接触器控制下得电工作；松开启动按钮，电动机仍可以保持连续运行的状态。这种控制方式被称为自锁控制。

自锁控制方式常将启动按钮与交流接触器常开辅助触点并联，如图3-2所示。这样，在交流接触器的线圈得电后，通过自身的常开辅助触点保持回路一直处于接通状态（即状态保持）。这样，即使松开启动控制按钮，交流接触器也不会失电断开，电动机仍可保持运行状态。

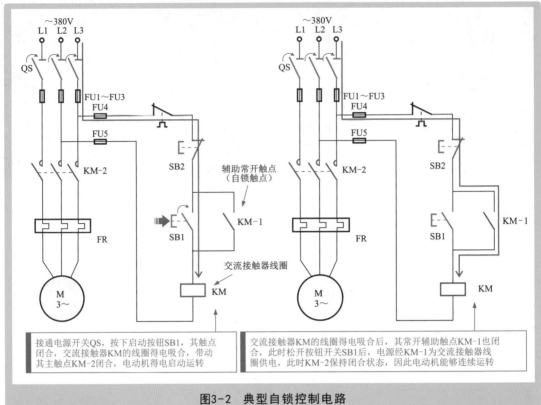

图3-2　典型自锁控制电路

**补充说明**

自锁控制电路还具有欠电压和失压（零压）保护功能。

● 欠电压保护功能

当电气控制线路中的电源电压由于某种原因下降时，电动机的转矩将明显降低，此时也会影响电动机的正常运行，严重时还会导致电动机出现堵转情况，进而损坏电动机。在采用自锁控制的电路中，当电源电压低于交流接触器线圈额定电压的85%时，交流接触器的电磁系统所产生的电磁力无法克服弹簧的反作用力，衔铁释放，主触点将断开复位，自动切断主电路，实现欠电压保护。

值得注意的是，电动机控制线路多为三相供电，交流接触器连接在其中一相中，只有其所连接相出现欠电压情况，才可实现保护功能。若电源欠电压出现在未接交流接触器的相线中，则无法实现欠电压保护。

● 失压（零压）保护功能

采用自锁控制后，当外界原因突然断电又重新供电时，由于自锁触点因断电而断开，控制电路不会自行接通，可避免事故的发生，起到失压（零压）保护作用。

## 3.1.3 ｜ 互锁控制

互锁控制是为保证电气安全运行而设置的控制电路，也称为联锁控制。在电气控制线路中，常见的互锁控制主要有按钮互锁和接触器（继电器）互锁两种形式。

### 1 按钮互锁控制

按钮互锁控制是指由按钮实现互锁控制，即当一个按钮按下接通一个线路的同时，必须断开另外一个线路。

图3-3所示为由复合按钮开关实现的按钮互锁控制电路。

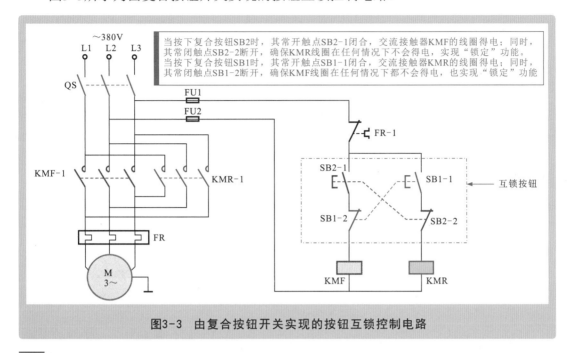

图3-3 由复合按钮开关实现的按钮互锁控制电路

## 2 接触器（继电器）互锁控制

接触器（继电器）互锁控制是指两个接触器（继电器）通过自身的常闭辅助触点相互制约对方的线圈不能同时得电动作。图3-4所示为典型接触器（继电器）互锁控制电路。接触器（继电器）互锁控制通常由其常闭辅助触点实现。

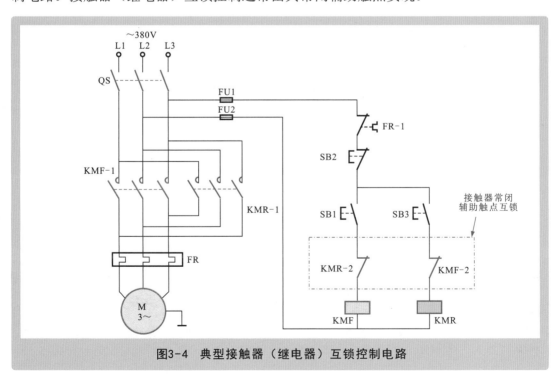

图3-4 典型接触器（继电器）互锁控制电路

25

**补充说明**

　　如图3-4所示的电路中，交流接触器KMF的常闭辅助触点串接在交流接触器KMR线路中。当电路接通电源，按下启动按钮SB1时，交流接触器KMF线圈得电，其主触点KMF-1得电，电动机启动正向运转；同时，KMF的常闭辅助触点KMF-2断开，确保交流接触器KMR的线圈不会得电。由此，可有效避免因误操作而使两个交流接触器同时得电，出现电源两相短路事故。

　　同样，交流接触器KMR的常闭辅助触点串接在交流接触器KMF线路中。当电路接通电源，按下启动按钮SB2时，交流接触器KMR的线圈得电，其主触点KMR-1得电，电动机启动反向运转；同时，KMR的常闭辅助触点KMR-2断开，确保交流接触器KMF的线圈不会得电。由此，实现交流接触器的互锁控制。

## 3 顺序控制

　　在电气控制线路中，顺序控制是指受控设备在电路的作用下按一定的先后顺序一个接一个地顺序启动，一个接一个地顺序停止或全部停止。

　　图3-5所示为电动机的顺序启动和反顺序停机控制电路。

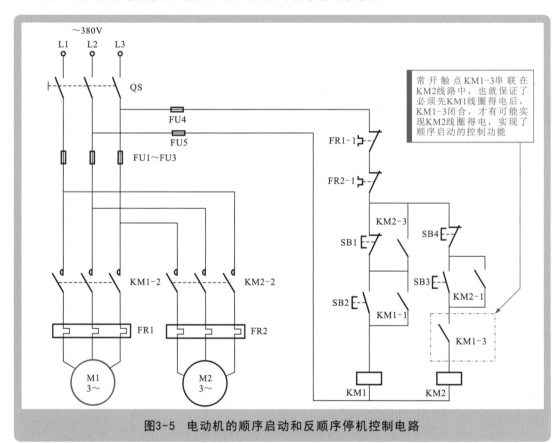

图3-5　电动机的顺序启动和反顺序停机控制电路

**补充说明**

　　顺序控制电路的特点：若电路需要实现A接触器工作后才允许B接触器工作，则在B接触器线圈电路中串入A接触器的动合触点。

　　若电路需要实现B接触器线圈断电后方允许A接触器线圈断电，则应将B接触器的动合触点并联在A接触器的停止按钮两端。

# 3.2 电工电路的基本识图方法

学习电工电路的识图是进入电工领域最基本的环节。识图前,需要首先了解电工电路识图的一些基本要求和原则,在此基础上掌握好识图的基本方法和步骤,可有效提高识图的技能水平和准确性。

## 3.2.1 识图要领

学习识图,首先需要掌握一定的方式方法,学习和参照其他人的一些经验,并在此基础上找到一些规律,是快速掌握识图技能的一条捷径。下面介绍几种基本的快速识读电气电路图的方法和技巧。

### 1 结合电气文字符号、电路图形符号识图

电工电路主要是利用各种电路图形符号来表示结构和工作原理。因此,结合电路图形符号识图可快速了解和确定电工电路的结构和功能。

图3-6所示为某车间的供配电线路图。

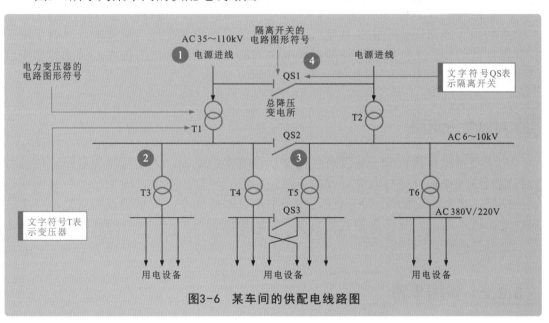

图3-6 某车间的供配电线路图

图3-6看起来除了线、圆圈外只有简单的文字标识,而当了解了 ⊖ 表示变压器、⊸ 表示隔离开关时,识图就容易多了。

**补充说明**

结合电路图形符号和文字标识可知:

❶ 电源进线为交流35~110kV,经总降压变电所输出6~10kV交流高压。

❷ 6~10kV交流高压再由车间变电所降压为交流380V/220V后为各用电设备供电。

❸ 隔离开关QS1、QS2、QS3分别起到接通电路的作用。

❹ 若电源进线中左侧电路故障,则QS1闭合后,可由右侧的电源进线为后级的电力变压器T1等线路供电,保证线路安全运行。

## 2　结合电工电子技术的基础知识识图

在电工领域中，因为输变配电、照明、电子电路、仪器仪表和家电产品等电路都是建立在电工电子技术基础之上的，所以要想看懂电路图，必须具备一定的电工电子技术方面的基础知识。

## 3　注意总结和掌握各种电工电路，并在此基础上灵活扩展

电工电路是电气图中最基本也是最常见的电路，既可以单独应用，也可以在其他电路中作为关键点扩展后使用。许多电气图都是由很多基础电路组成的。

电动机的启动/制动、正/反转、过载保护电路等，供配电系统电气主接线常用的单母线主接线等均为基础电路。识图过程中，应抓准基础电路，注意总结并完全掌握基础电路的原理。

## 4　结合电气或电子元器件的结构和工作原理识图

各种电工电路图都是由各种电气元件或电子元器件和配线等组成的，只有了解各种元器件的结构、工作原理、性能及相互之间的控制关系，电工技术人员才能尽快读懂电路图。

## 5　对照学习识图

初学者很难直接识读一张没有任何文字说明的电路图，因此可以先参照一些技术资料或网络等找到一些与所要识读的电路图相近或相似的图纸，根据这些带有详细解说的图纸，理解电路的含义和原理，找到不同点和相同点，把相同点弄清楚，再有针对性地突破不同点，或再参照其他与该不同点相似的图纸，把所有的问题一一解决之后，便可完成电路图的识读。

## 3.2.2　识图步骤

简单来说，识图可分为7个步骤，即：区分电路类型；明确用途；建立对应关系，划分电路；寻找工作条件；寻找控制部件；确立控制关系；厘清信号流程，最终掌握控制机理和电路功能。

## 1　区分电路类型

电工电路的类型有很多种，根据所表达内容、包含信息和组成元素的不同，一般可分为电工接线图和电工原理图。不同类型电路图的识读原则和重点不同，识图时，首先要区分属于哪种电路。

图3-7所示为简单的电工接线图，用文字符号和电路图形符号标识出了所使用的基本物理部件，用连接线和连接端子标识出了物理部件之间的实际连接关系和接线位置，属于接线图。

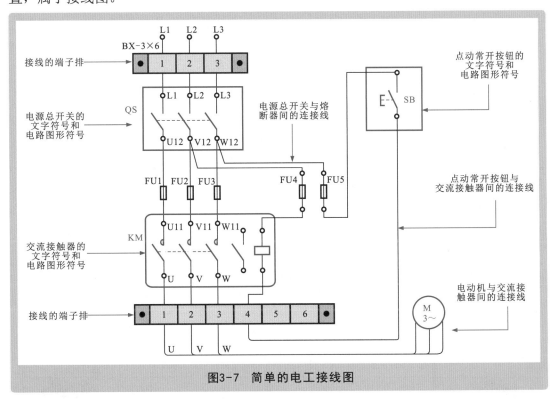

图3-7 简单的电工接线图

接线图的特点是体现各组成物理部件的实际位置关系，并通过导线连接体现安装和接线关系，可用于安装接线、线路检查、线路维修和故障处理等场合。

图3-8所示为简单的电工原理图。

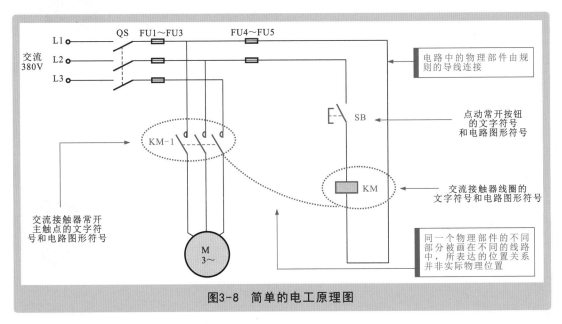

图3-8 简单的电工原理图

图3-8中也用文字符号和电路图形符号标识出了所使用的基本物理部件，并用规则的导线连接，除了标准的符号标识和连接线外，没有画出其他不必要的部件，属于电工原理图。其特点是完整体现电路特性和电气作用原理。

由此可知，通过识别图纸所示电路元素的信息可以准确区分电路的类型。在区分出电路类型后，便可根据所对应类型电路的特点进行识读，一般识读电工接线图的重点放在各种物理部件的位置和接线关系上；识读电工原理图的重点应在各物理部件之间的电气关系上，如控制关系等。

## 2 明确用途

明确电路的用途是指导识图的总纲领，即先从整体上把握电路的用途，明确电路最终实现的结果，以此作为指导识图的总体思路。例如，根据电路中的元素信息可以看到该图为一种电动机的点动控制电路，以此抓住其中的"点动""控制""电动机"等关键信息作为识图时的重要信息。

## 3 建立对应关系，划分电路

将电路中的文字符号和电路图形符号标识与实际物理部件建立一一对应关系，进一步明确电路所表达的含义，对识读电路关系十分重要。图3-9所示为电工电路中符号与实物的对应关系。

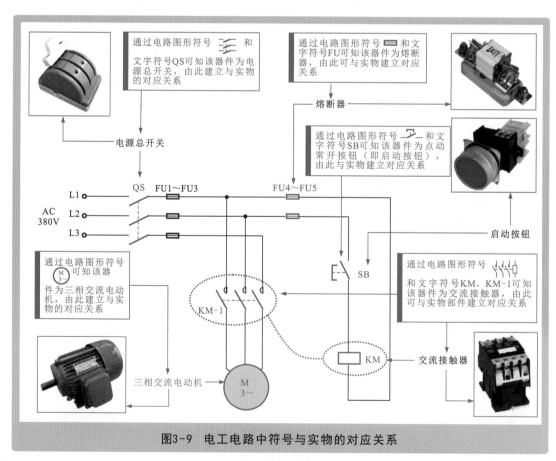

图3-9 电工电路中符号与实物的对应关系

**补充说明**

电源总开关：用字母QS标识，在电路中用于接通三相电源。

熔断器：用字母FU标识，在电路中用于过载、短路保护。

交流接触器：用字母KM标识，通过线圈的得电，触点动作，接通电动机的三相电源，启动电动机工作。

启动按钮（点动常开按钮）：用字母SB标识，用于电动机的启动控制。

三相交流电动机：简称电动机，用字母M标识，在电路中通过控制部件控制，接通电源启动运转，为不同的机械设备提供动力。

通常，在通过建立对应关系了解各符号所代表物理部件的含义后，还可以根据物理部件的自身特点和功能对电路进行模块划分，如图3-10所示，特别是对于一些较复杂的电工电路，通过对电路进行模块划分，可十分明确地了解电路的结构。

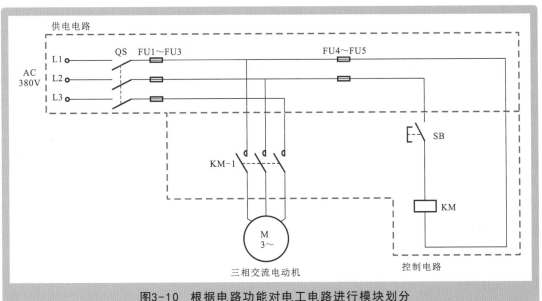

图3-10　根据电路功能对电工电路进行模块划分

## 4 寻找工作条件

在建立好电路中各种符号与实物的对应关系后，可通过所了解部件的功能寻找电路中的工作条件。工作条件具备时，电路中的物理部件才可进入工作状态。

## 5 寻找控制部件

控制部件通常也称操作部件。电工电路就是通过操作部件对电路进行控制的，是电路中的关键部件，也是控制电路中是否将工作条件接入电路中或控制电路中的被控部件是否执行所需要动作的核心部件。

## 6 确立控制关系

找到控制部件后，根据线路连接情况，确立控制部件与被控制部件之间的控制关系，并将控制关系作为厘清信号流程的主线，如图3-11所示。

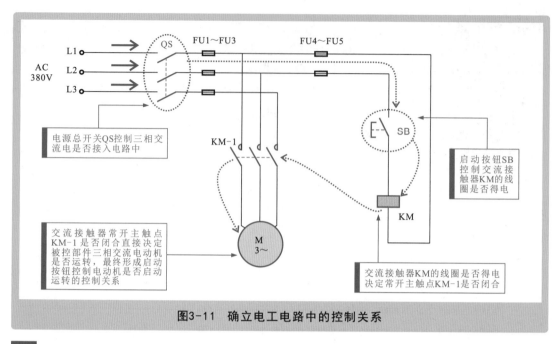

图3-11　确立电工电路中的控制关系

## 7　厘清信号流程，最终掌握控制机理和电路功能

　　确立控制关系后，可操作控制部件实现控制功能，同时弄清每操作一个控制部件后被控部件所执行的动作或结果，厘清整个电路的信号流程，最终掌握控制机理和电路功能，如图3-12所示。

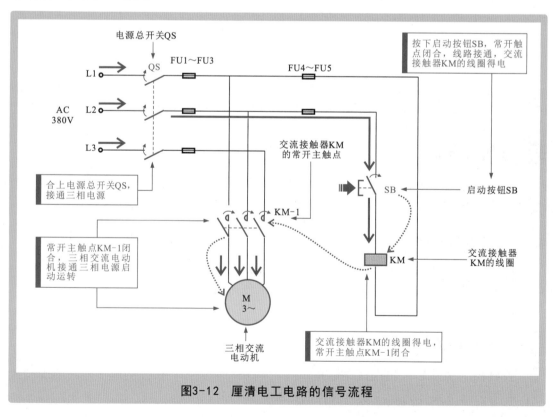

图3-12　厘清电工电路的信号流程

## 3.3 开关的电路控制功能

### 3.3.1 电源开关

电源开关在电工电路中主要用于接通用电设备的供电电源，实现电路的闭合与断开。图3-13所示为电源开关（三相断路器）的连接关系。

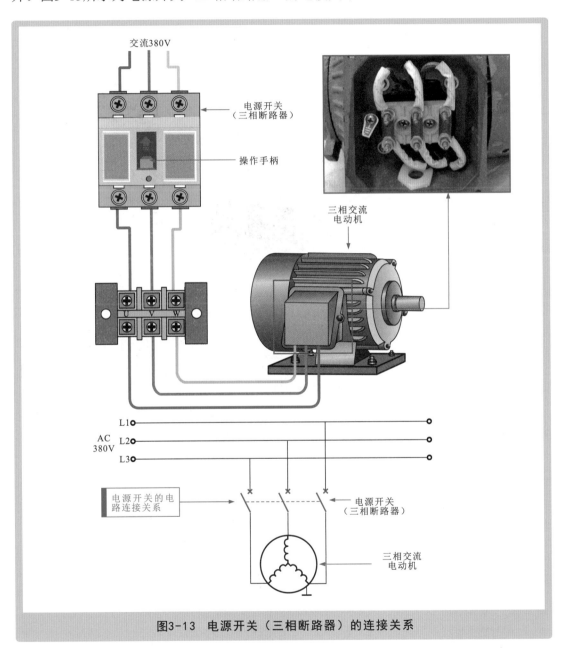

图3-13  电源开关（三相断路器）的连接关系

在电工电路中，电源开关有两种状态，即不动作（断开）时和动作（闭合）时。当电源开关不动作时，内部触点处于断开状态，三相交流电动机不能启动。在拨动电源开关后，内部触点处于闭合状态，三相交流电动机得电后启动运转。

图3-14所示为电源开关在电工电路中的控制关系。

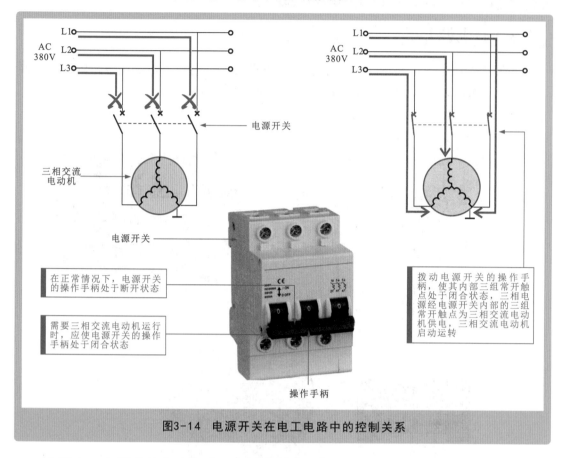

**图3-14 电源开关在电工电路中的控制关系**

电路中，电源开关未动作时，内部三组常开触点处于断开状态，切断三相交流电动机的三相供电电源，三相交流电动机不能启动运转。

拨动电源开关的操作手柄，内部三组常开触点处于闭合状态，三相电源经电源开关内部的三组常开触点为三相交流电动机供电，三相交流电动机启动运转。

## 3.3.2 │ 按钮开关

按钮开关在电工电路中主要用于发出远距离控制信号或指令去控制继电器、接触器或其他负载设备，实现控制电路的接通与断开，实现对负载设备的控制。

按钮开关根据内部结构的不同可分为不闭锁按钮开关和可闭锁按钮开关。

不闭锁按钮开关是指按下按钮开关时内部触点动作，松开按钮时内部触点自动复位；可闭锁按钮开关是指按下按钮开关时内部触点动作，松开按钮时内部触点不能自动复位，需要再次按下按钮开关，内部触点才可复位。

按钮开关是电路中的关键控制部件，无论是不闭锁按钮开关还是闭锁按钮开关，根据电路需要都可以分为常开、常闭和复合3种形式。下面以不闭锁按钮开关为例介绍3种形式的控制功能。

## 1 不闭锁常开按钮开关

不闭锁常开按钮开关是指在操作前内部触点处于断开状态，手指按下时内部触点处于闭合状态，手指放松后，按钮开关自动复位断开，在电工电路中常用作启动控制按钮。图3-15所示为不闭锁常开按钮开关的连接关系。

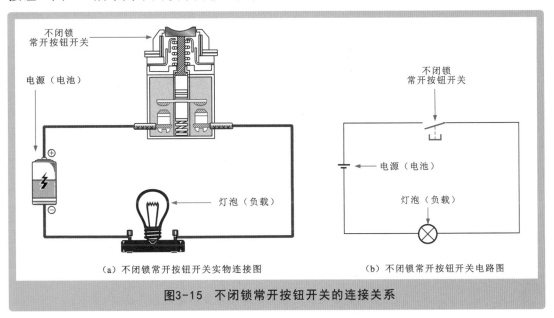

（a）不闭锁常开按钮开关实物连接图　　　　（b）不闭锁常开按钮开关电路图

图3-15　不闭锁常开按钮开关的连接关系

由图3-15（a）可以看出，该不闭锁常开按钮开关连接在电池与灯泡（负载）之间控制灯泡的点亮与熄灭，未操作时，灯泡处于熄灭状态。不闭锁常开按钮开关的控制关系如图3-16所示。

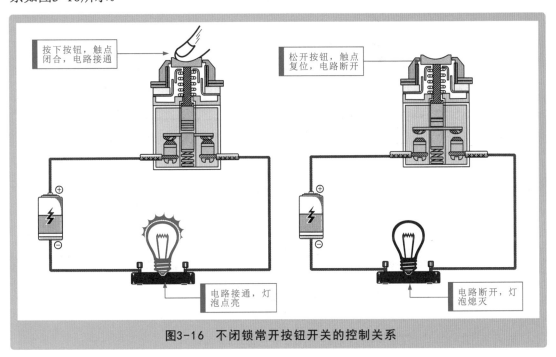

图3-16　不闭锁常开按钮开关的控制关系

## 2 不闭锁常闭按钮开关

不闭锁常闭按钮开关是指操作前内部触点处于闭合状态，手指按下时，内部触点处于断开状态，手指放松后，按钮开关自动复位闭合。该按钮开关在电工电路中常用作停止控制开关。图3-17所示为不闭锁常闭按钮开关在电工电路中的连接关系。

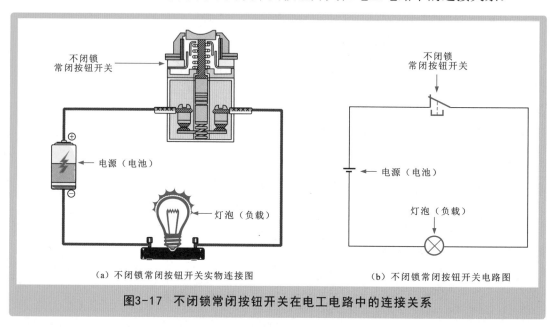

(a) 不闭锁常闭按钮开关实物连接图　　　(b) 不闭锁常闭按钮开关电路图

图3-17　不闭锁常闭按钮开关在电工电路中的连接关系

不闭锁常闭按钮开关在电工电路中的控制关系如图3-18所示。按下按钮后，内部常闭触点断开，切断灯泡供电电源，灯泡熄灭。

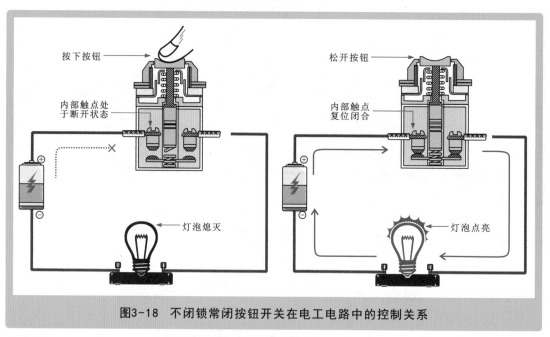

图3-18　不闭锁常闭按钮开关在电工电路中的控制关系

松开按钮后，内部常闭触点复位闭合，接通灯泡供电电源，灯泡点亮。

## 3 不闭锁复合按钮开关

不闭锁复合按钮开关内部设有两组触点，分别为常开触点和常闭触点。操作前，常闭触点闭合，常开触点断开。当手指按下按钮开关时，常闭触点断开，常开触点闭合；手指放松后，常闭触点复位闭合，常开触点复位断开。该按钮开关在电工电路中常用作启动联锁控制按钮开关。

图3-19所示为不闭锁复合按钮开关在电工电路中的连接关系。不闭锁复合按钮开关连接在电池与灯泡（负载）之间，分别控制灯泡EL1和灯泡EL2的点亮与熄灭。未按下按钮时，灯泡EL2处于点亮状态，灯泡EL1处于熄灭状态。

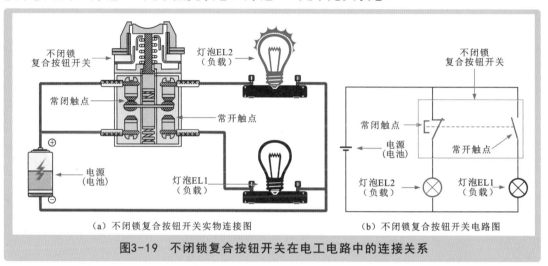

（a）不闭锁复合按钮开关实物连接图　　　　（b）不闭锁复合按钮开关电路图

**图3-19　不闭锁复合按钮开关在电工电路中的连接关系**

不闭锁复合按钮开关在电工电路中的控制关系如图3-20所示。

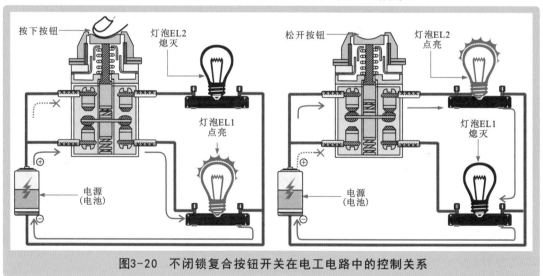

**图3-20　不闭锁复合按钮开关在电工电路中的控制关系**

按下按钮后，内部常开触点闭合，接通灯泡EL1的供电电源，灯泡EL1点亮；常闭触点断开，切断灯泡EL2的供电电源，灯泡EL2熄灭。

松开按钮后，内部常开触点复位断开，切断灯泡EL1的供电电源，灯泡EL1熄灭；常闭触点复位闭合，接通灯泡EL2的供电电源，灯泡EL2点亮。

# 3.4 继电器的电路控制功能

## 3.4.1 继电器常开触点

继电器是电工电路中常用的一种电气部件，主要由铁芯、线圈、衔铁、触点等组成。图3-21所示为典型继电器的内部结构。

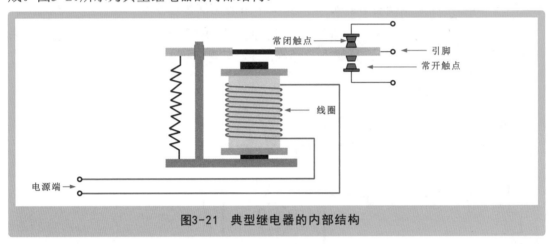

**图3-21 典型继电器的内部结构**

继电器常开触点是指继电器内部的动触点和静触点通常处于断开状态，当线圈得电时，动触点和静触点立即闭合，接通电路；当线圈失电时，动触点和静触点立即复位，切断电路。图3-22所示为继电器常开触点的连接关系。

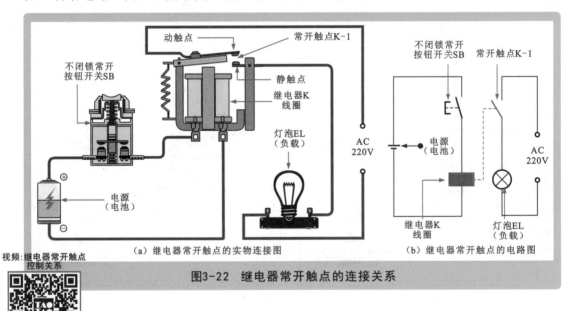

（a）继电器常开触点的实物连接图      （b）继电器常开触点的电路图

视频:继电器常开触点
控制关系

**图3-22 继电器常开触点的连接关系**

图3-22中，继电器K线圈连接在不闭锁常开按钮开关与电池之间，常开触点K-1连接在电池与灯泡EL（负载）之间，用于控制灯泡的点亮与熄灭，在未接通电路时，灯泡EL处于熄灭状态。

图3-23所示为继电器常开触点在电工电路中的控制关系。

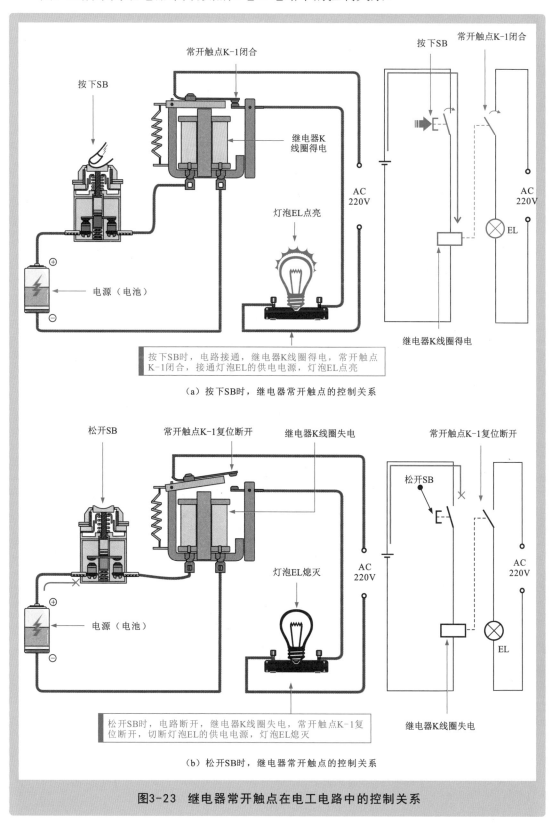

（a）按下SB时，继电器常开触点的控制关系

按下SB时，电路接通，继电器K线圈得电，常开触点K-1闭合，接通灯泡EL的供电电源，灯泡EL点亮

松开SB时，电路断开，继电器K线圈失电，常开触点K-1复位断开，切断灯泡EL的供电电源，灯泡EL熄灭

（b）松开SB时，继电器常开触点的控制关系

图3-23 继电器常开触点在电工电路中的控制关系

## 3.4.2 | 继电器常闭触点

继电器常闭触点是指继电器线圈断电时内部的动触点和静触点处于闭合状态，当线圈得电时，动触点和静触点立即断开切断电路；当线圈失电时，动触点和静触点立即复位闭合接通电路。

图3-24所示为继电器常闭触点在电工电路中的控制关系。

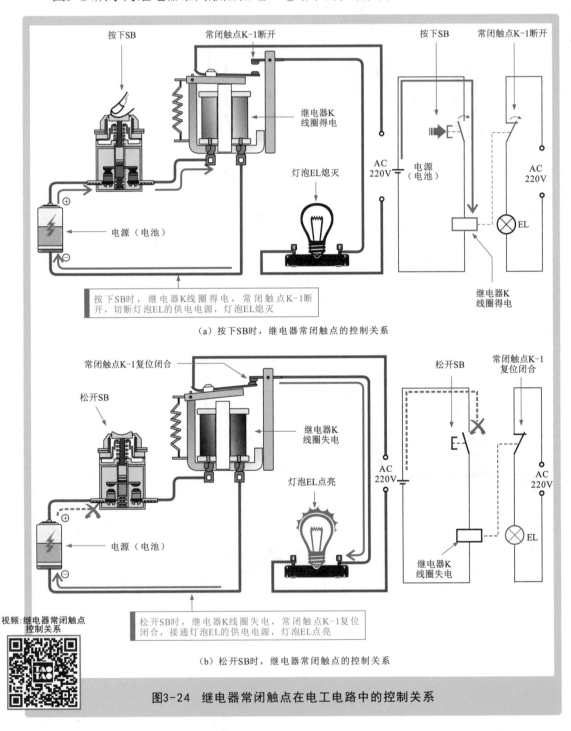

（a）按下SB时，继电器常闭触点的控制关系

视频：继电器常闭触点控制关系

（b）松开SB时，继电器常闭触点的控制关系

图3-24 继电器常闭触点在电工电路中的控制关系

### 3.4.3 | 继电器转换触点

继电器转换触点是指继电器内部设有一个动触点和两个静触点。其中，动触点与静触点1处于闭合状态，称为常闭触点；动触点与静触点2处于断开状态，称为常开触点。图3-25所示为继电器转换触点的结构。

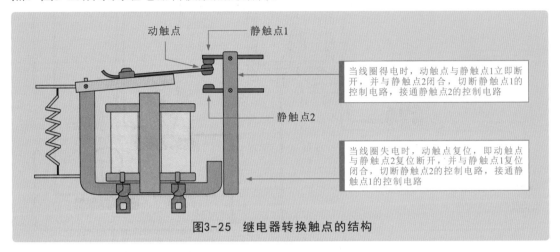

动触点　静触点1

当线圈得电时，动触点与静触点1立即断开，并与静触点2闭合，切断静触点1的控制电路，接通静触点2的控制电路

静触点2

当线圈失电时，动触点复位，即动触点与静触点2复位断开，并与静触点1复位闭合，切断静触点2的控制电路，接通静触点1的控制电路

图3-25 继电器转换触点的结构

图3-26所示为继电器转换触点的连接关系。

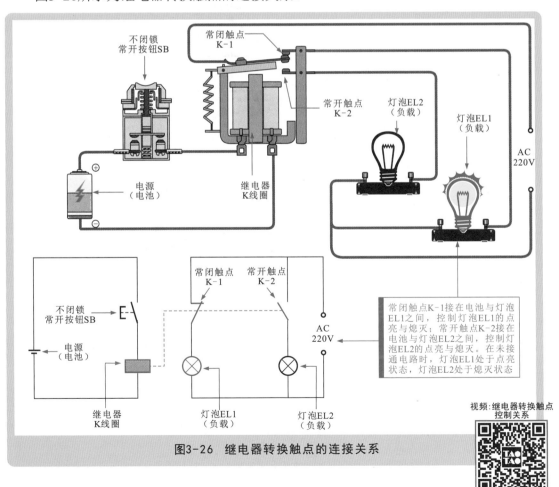

不闭锁
常开按钮SB

常闭触点
K-1

常开触点
K-2

灯泡EL2
（负载）

灯泡EL1
（负载）

AC
220V

电源
（电池）

继电器
K线圈

不闭锁
常开按钮SB

常闭触点
K-1

常开触点
K-2

AC
220V

电源
（电池）

继电器
K线圈

灯泡EL1
（负载）

灯泡EL2
（负载）

常闭触点K-1接在电池与灯泡EL1之间，控制灯泡EL1的点亮与熄灭；常开触点K-2接在电池与灯泡EL2之间，控制灯泡EL2的点亮与熄灭。在未接通电路时，灯泡EL1处于点亮状态，灯泡EL2处于熄灭状态

视频:继电器转换触点
控制关系

图3-26 继电器转换触点的连接关系

图3-27所示为继电器转换触点在不同状态下的控制关系。

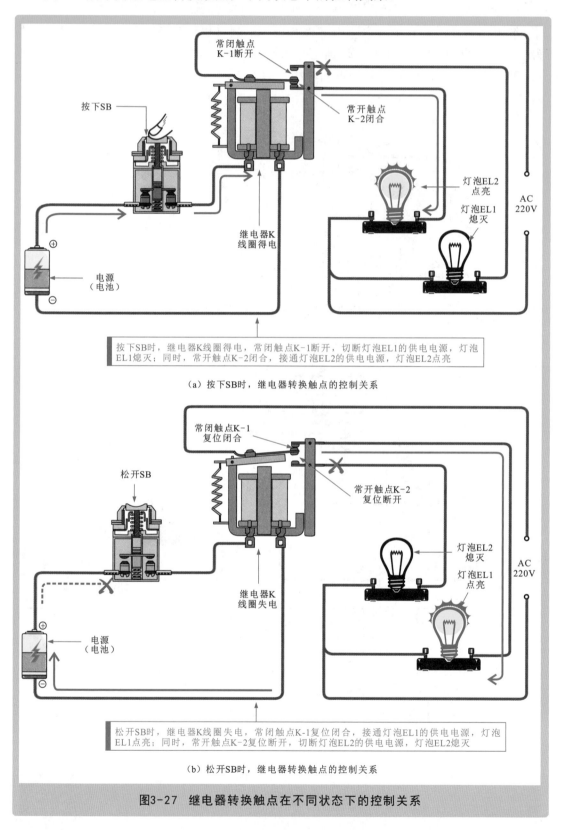

按下SB时，继电器K线圈得电，常闭触点K-1断开，切断灯泡EL1的供电电源，灯泡EL1熄灭；同时，常开触点K-2闭合，接通灯泡EL2的供电电源，灯泡EL2点亮

（a）按下SB时，继电器转换触点的控制关系

松开SB时，继电器K线圈失电，常闭触点K-1复位闭合，接通灯泡EL1的供电电源，灯泡EL1点亮；同时，常开触点K-2复位断开，切断灯泡EL2的供电电源，灯泡EL2熄灭

（b）松开SB时，继电器转换触点的控制关系

图3-27　继电器转换触点在不同状态下的控制关系

## 3.5 接触器的电路控制功能

### 3.5.1 直流接触器

直流接触器主要用于远距离接通与分断直流电路。在控制电路中，直流接触器由直流电源为线圈提供工作条件，从而控制触点动作。其电路控制关系如图3-28所示。

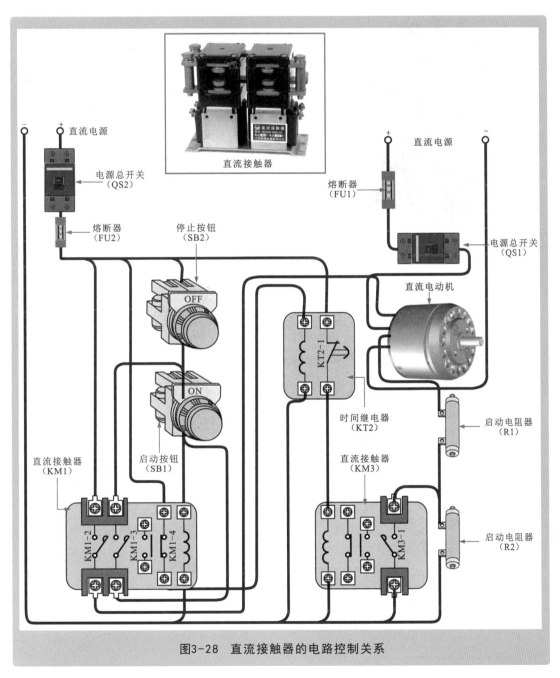

图3-28 直流接触器的电路控制关系

直流接触器是由直流电源驱动的，通过线圈得电控制常开触点闭合、常闭触点断开；当线圈失电时，控制常开触点复位断开、常闭触点复位闭合。

## 3.5.2 | 交流接触器

交流接触器是主要用于远距离接通与分断交流供电电路的器件。图3-29所示为交流接触器的内部结构。交流接触器的内部主要由常闭触点、常开触点、动触点、线圈及动铁芯、静铁芯、弹簧等部分构成。

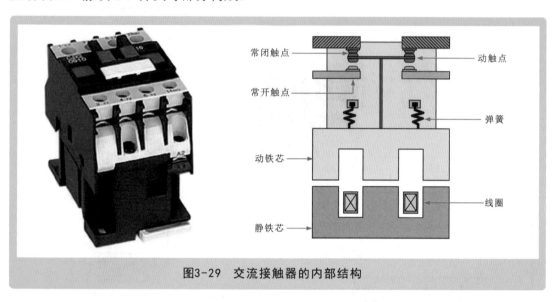

图3-29　交流接触器的内部结构

图3-30所示为交流接触器在电路中的连接关系。

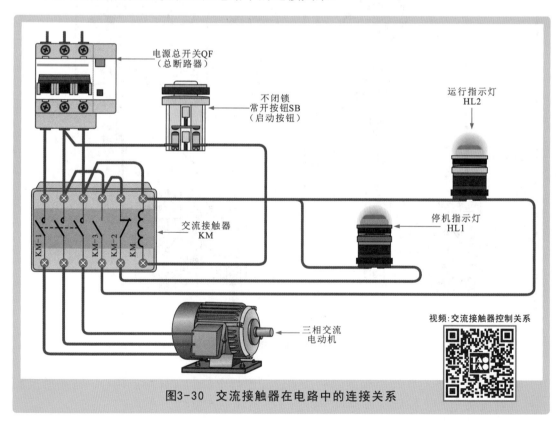

图3-30　交流接触器在电路中的连接关系

图3-31所示为交流接触器的电路控制关系。

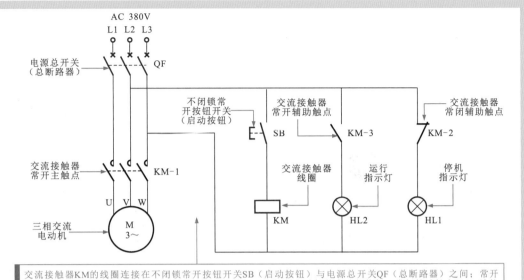

交流接触器KM的线圈连接在不闭锁常开按钮开关SB（启动按钮）与电源总开关QF（总断路器）之间；常开主触点KM-1连接在电源总开关QF与三相交流电动机之间控制电动机的启动与停机；常闭辅助触点KM-2连接在电源总开关QF与停机指示灯HL1之间控制指示灯HL1的点亮与熄灭；常开辅助触点KM-3连接在电源总开关QF与运行指示灯HL2之间控制指示灯HL2的点亮与熄灭

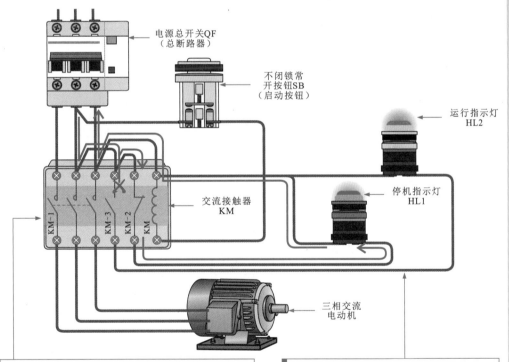

合上电源总开关QF，电源经交流接触器KM的常闭辅助触点KM-2为停机指示灯HL1供电，HL1点亮。按下启动按钮SB时，电路接通，交流接触器KM的线圈得电，常开主触点KM-1闭合，三相交流电动机接通三相电源并启动运转；常开辅助触点KM-2断开，切断停机指示灯HL1的供电电源，HL1熄灭；常开主触点KM-3闭合，运行指示灯HL2点亮，指示三相交流电动机处于工作状态

松开启动按钮SB时，电路断开，交流接触器KM的线圈失电，常开主触点KM-1复位断开，切断三相交流电动机的供电电源，电动机停止运转；常闭辅助触点KM-2复位闭合，停机指示灯HL1点亮，指示三相交流电动机处于停机状态；常开主触点KM-3复位断开，切断运行指示灯HL2的供电电源，HL2熄灭

图3-31 交流接触器的电路控制关系

# 3.6 传感器的电路控制功能

## 3.6.1 温度传感器

温度传感器是将物理量（温度信号）变成电信号的器件，是利用电阻值随温度变化而变化这一特性来测量温度变化的，主要用于各种需要对温度进行测量、监视、控制及补偿的场合，温度传感器实物连接关系如图3-32所示。

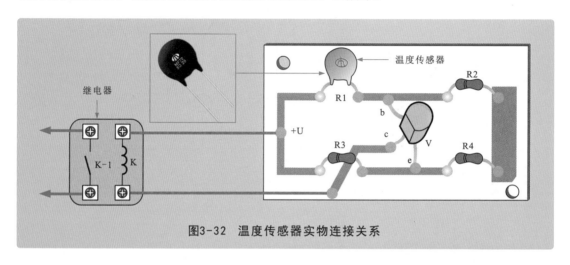

图3-32　温度传感器实物连接关系

图3-33所示为温度传感器在不同温度环境下的控制关系。

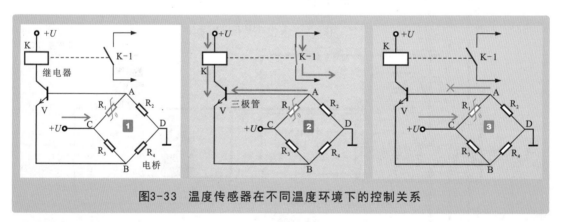

图3-33　温度传感器在不同温度环境下的控制关系

> **补充说明**
>
> 　　在正常环境温度下时，电桥的电阻值$R_1/R_2=R_3/R_4$，电桥平衡。此时，A、B两点间电位相等，输出端A与B之间没有电流流过，三极管V的基极b与发射极e之间的电位差为0，三极管V截止，继电器K线圈不能得电。
>
> 　　当环境温度逐渐上升时，温度传感器R1的阻值不断减小，电桥失去平衡。此时，A点电位逐渐升高，三极管V基极b的电压逐渐增大。当基极b电压高于发射极e电压时，V导通，继电器K线圈得电，常开触点K-1闭合，接通负载设备的供电电源，负载设备即可启动。
>
> 　　当环境温度逐渐下降时，温度传感器R1的阻值不断增大。此时，A点电位逐渐降低，三极管V基极b的电压逐渐减小。当基极b电压低于发射极e电压时，V截止，继电器K线圈失电，对应的常开触点K-1复位断开，切断负载设备的供电电源，负载设备停止工作。

## 3.6.2 | 湿度传感器

湿度传感器是一种将湿度信号转换为电信号的器件，主要用于工业生产、天气预报、食品加工等行业中对各种湿度进行控制、测量和监视。图3-34所示为湿度传感器的电路连接关系。

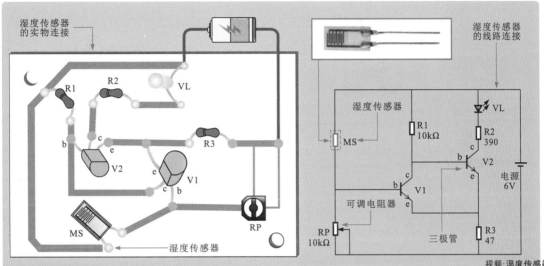

视频:湿度传感器电路控制关系

图3-34 湿度传感器的电路连接关系

图3-35所示为湿度传感器在不同湿度环境下的控制关系。

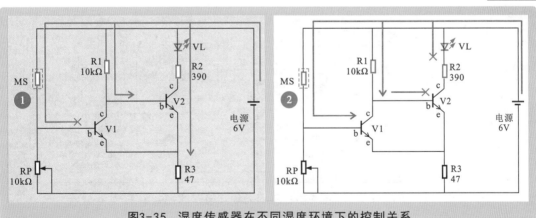

图3-35 湿度传感器在不同湿度环境下的控制关系

### 补充说明

**1** 当环境湿度较小时，湿度传感器MS的阻值较大，三极管V1的基极b为低电平，使基极b电压低于发射极e电压，三极管V1截止。此时，三极管V2基极b电压升高，基极b电压高于发射极e电压，三极管V2导通，发光二极管VL点亮。

**2** 当环境湿度增加时，湿度传感器MS的阻值逐渐变小，三极管V1的基极b电压逐渐升高，使基极b电压高于发射极e电压，三极管V1导通。此时，三极管V2基极b电压降低，三极管V2截止，发光二极管VL熄灭。

### 3.6.3 | 光电传感器

光电传感器是一种能够将可见光信号转换为电信号的器件，也称光电器件，主要用于光控开关、光控照明、光控报警等领域中对各种可见光进行控制。图3-36所示为光电传感器的实物外形及在电路中的连接关系。

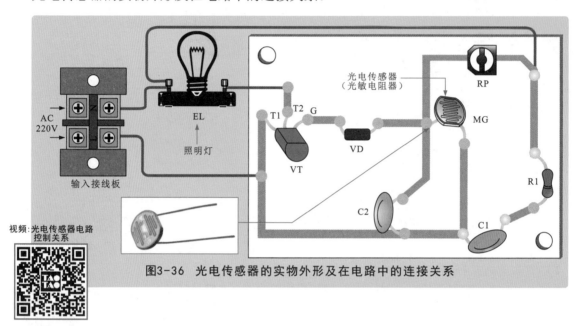

视频：光电传感器电路控制关系

图3-36 光电传感器的实物外形及在电路中的连接关系

图3-37所示为光电传感器在不同光线环境下的控制关系。

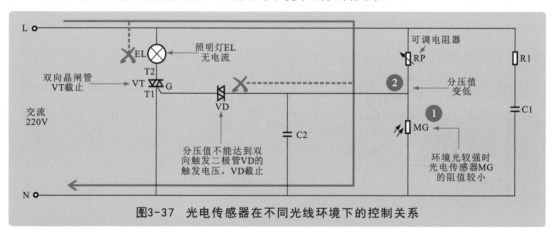

图3-37 光电传感器在不同光线环境下的控制关系

📖 补充说明

❶ 当环境光较强时，光电传感器MG的阻值较小，可调电阻器RP与光电传感器MG处的分压值变低，不能达到双向触发二极管VD的触发电压，双向触发二极管VD截止，进而不能触发双向晶闸管，VT处于截止状态，照明灯EL不亮。

❷ 当环境光较弱时，光电传感器MG的阻值变大，可调电阻器RP与光电传感器MG处的分压值变高，随着光照强度的逐渐减弱，光电传感器MG的阻值逐渐变大，当可调电阻器RP与光电传感器MG处的分压值达到双向触发二极管VD的触发电压时，双向二极管VD导通，进而触发双向晶闸管VT也导通，照明灯EL点亮。

# 3.7 保护器的电路控制功能

## 3.7.1 熔断器

熔断器是一种保护电路的器件，只允许安全限制内的电流通过，当电路中的电流超过熔断器的额定电流时，熔断器会自动切断电路，对电路中的负载设备进行保护。图3-38所示为熔断器在电路中的连接关系。

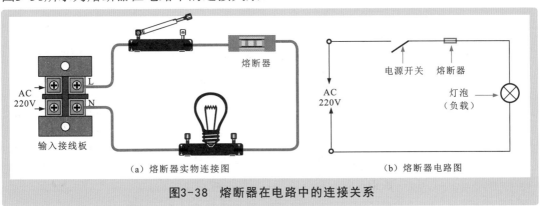

（a）熔断器实物连接图　　　　　　　　（b）熔断器电路图

图3-38　熔断器在电路中的连接关系

图3-39所示为熔断器在电工电路中的控制关系。

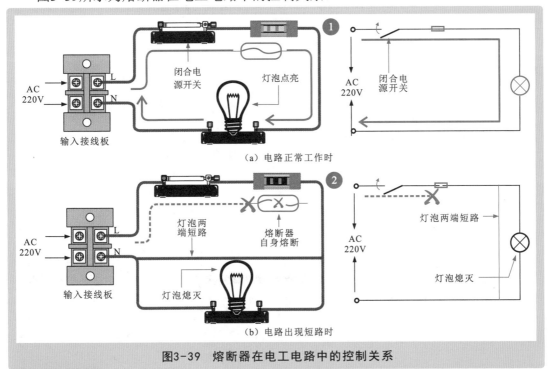

（a）电路正常工作时

（b）电路出现短路时

图3-39　熔断器在电工电路中的控制关系

> 📖 补充说明

❶ 闭合电源开关，接通灯泡电源，正常情况下，灯泡点亮，电路可以正常工作。

❷ 当灯泡之间由于某种原因而被导体连在一起时，电源被短路，电流由短路的路径通过，不再流过灯泡，此时回路中仅有很小的电源内阻，使电路中的电流很大，流过熔断器的电流也很大，熔断器会熔断，切断电路进行保护。

## 3.7.2 | 漏电保护器

漏电保护器是一种具有漏电、触电、过载、短路保护功能的保护器件，对于防止触电伤亡事故及避免因漏电电流而引起的火灾事故具有明显的效果。图3-40所示为漏电保护器在电路中的连接关系。

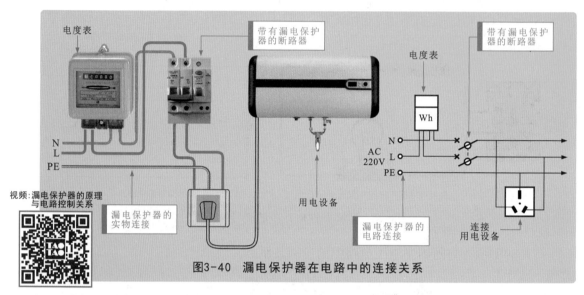

视频：漏电保护器的原理与电路控制关系

图3-40 漏电保护器在电路中的连接关系

图3-41所示为漏电保护器在电路中的控制关系。

**补充说明**

单相交流电经过电度表及漏电保护器后为用电设备供电，正常时，相线端L的电流与零线端N的电流相等，回路中剩余电流几乎为0。

当发生漏电或触电情况时，相线端L的一部分电流流过触电人身体到地，相线端L的电流大于零线端N的电流，回路中产生剩余的电流量，剩余的电流量驱动保护器，切断电路进行保护。

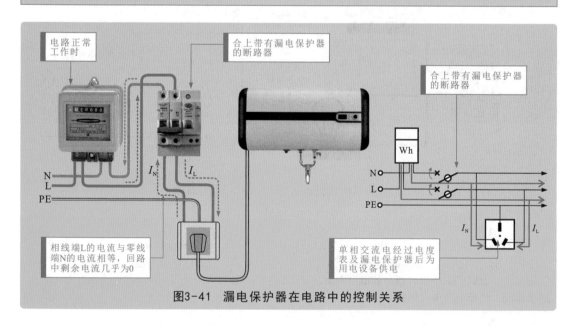

图3-41 漏电保护器在电路中的控制关系

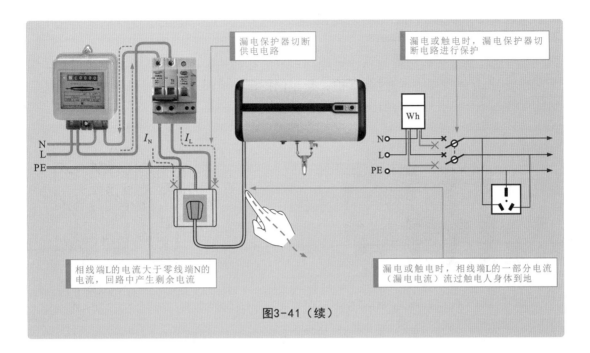

图3-41（续）

漏电保护器接入线路中时，电路中的电源线穿过漏电保护器内的检测元件（环形铁芯，也称零序电流互感器），环形铁芯的输出端与漏电脱扣器相连。图3-42所示为漏电保护器漏电检测原理。

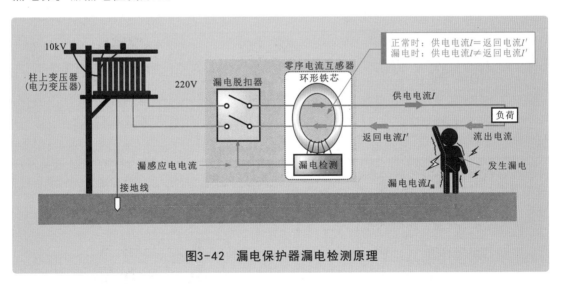

图3-42 漏电保护器漏电检测原理

补充说明

在被保护电路工作正常，没有发生漏电或触电的情况下，通过零序电流互感器的电流向量和等于0，漏电检测环形铁芯的输出端无输出，漏电保护器不动作，系统保持正常供电。

当被保护电路发生漏电或有人触电时，由于漏电电流的存在，供电电流大于返回电流，通过环形铁芯的两路电流向量和不再等于0，在环形铁芯中出现交变磁通。在交变磁通的作用下，环形铁芯输出端就有感应电流产生，达到额定值时，脱扣器驱动断路器自动跳闸，切断故障电路，实现保护。

### 3.7.3 | 过热保护器

过热保护器也称为热继电器，是利用电流的热效应来推动动作机构使内部触点闭合或断开的，用于电动机的过载保护、断相保护、电流不平衡保护和热保护。过热保护器的实物外形和内部结构如图3-43所示。

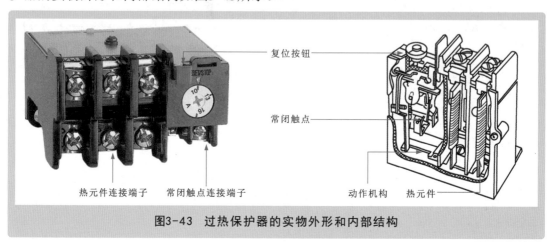

图3-43　过热保护器的实物外形和内部结构

过热保护器安装在主电路中，用于主电路的过载、断相、电流不平衡和三相交流电动机的热保护。图3-44所示为过热保护器的连接关系。

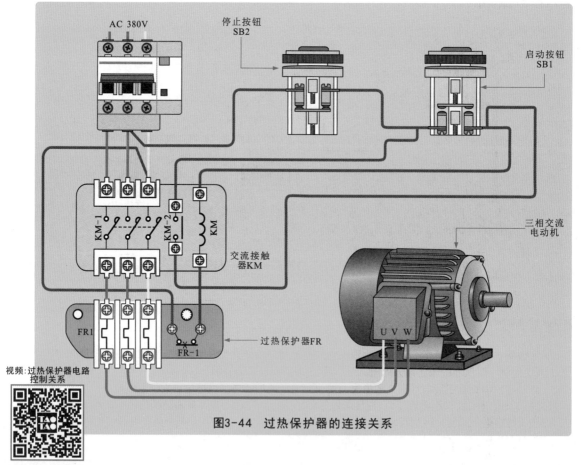

视频:过热保护器电路
控制关系

图3-44　过热保护器的连接关系

图3-45所示为过热保护器在电路中的控制应用。

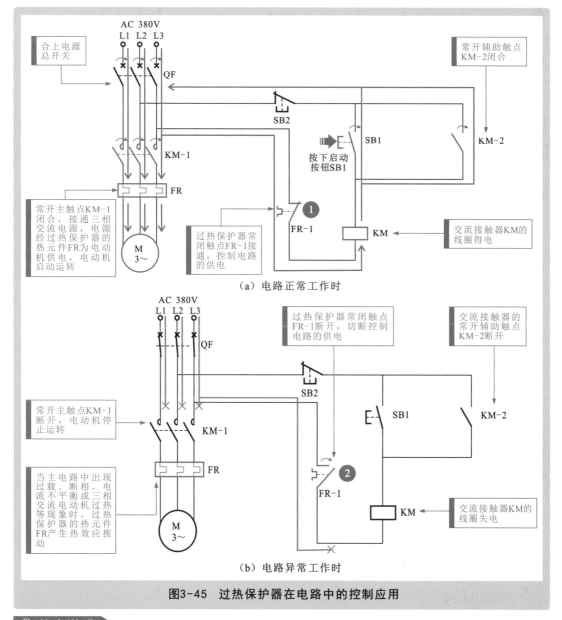

图3-45 过热保护器在电路中的控制应用

❶ 在正常情况下，合上电源总开关QF，按下启动按钮SB1，过热保护器的常闭触点FR-1接通，控制电路的供电，KM线圈得电，常开主触点KM-1闭合，接通三相交流电源，电源经过热保护器的热元件FR为三相交流电动机供电，电动机启动运转；常开辅助触点KM-2闭合，实现自锁功能，即使松开启动按钮SB1，三相交流电动机仍能保持运转状态。

❷ 当主电路中出现过载、断相、电流不平衡或三相交流电动机过热等现象时，由过热保护器的热元件FR产生的热效应来推动动作机构，使常闭触点FR-1断开，切断控制电路供电电源，交流接触器KM的线圈失电，常开主触点KM-1复位断开，切断电动机供电电源，电动机停止运转，常开辅助触点KM-2复位断开，解除自锁功能，实现对电路的保护。

待主电路中的电流正常或三相交流电动机逐渐冷却时，过热保护器FR的常闭触点FR-1复位闭合，再次接通电路，此时只需重新启动电路，三相交流电动机便可启动运转。

# 第4章
# 电工电路中的元器件

## 4.1 电工电路中的电子元件

### 4.1.1 电阻器

电阻器简称电阻,是利用物体对所通过的电流产生阻碍作用制成的电子元件,是电子产品中最基本、最常用的电子元件之一。

图4-1所示为典型电阻器的外形特点与电路标识方法。

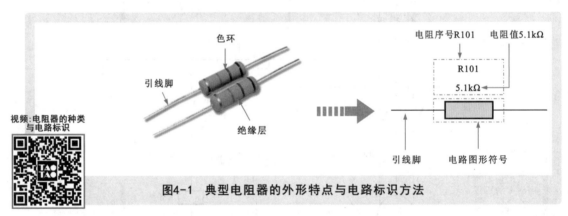

视频:电阻器的种类与电路标识

图4-1 典型电阻器的外形特点与电路标识方法

电路图形符号表明了电阻器的类型;标识信息通常提供电阻器的类别、在该电路图中的序号及电阻值等参数信息。

### 1 普通电阻器

普通电阻器实物外形与电路图形符号对照如图4-2所示。

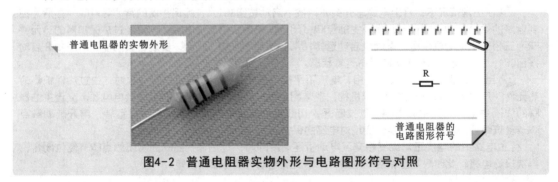

图4-2 普通电阻器实物外形与电路图形符号对照

## 2 熔断电阻器

熔断电阻器又称保险丝电阻器，具有电阻器和过电流保护熔断丝的双重作用，在电流较大的情况下可熔化断裂，从而保护整个设备不受损坏。

熔断电阻器实物外形与电路图形符号对照如图4-3所示。

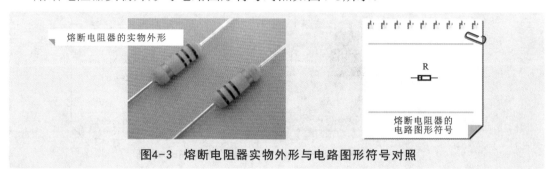

图4-3 熔断电阻器实物外形与电路图形符号对照

## 3 熔断器

熔断器又称保险丝，阻值接近于0，是一种安装在电路中保证电路安全运行的电器元件。它会在电流异常升高到一定强度时，自身熔断切断电路，从而起到保护电路安全运行的作用。

熔断器实物外形与电路图形符号对照如图4-4所示。

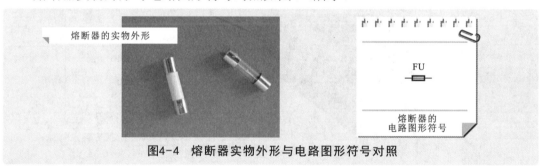

图4-4 熔断器实物外形与电路图形符号对照

## 4 可调电阻器

可调电阻器也称为电位器。其阻值可以在人为作用下在一定范围内变化，从而使其在电路中的相关参数发生变化，起到调整作用。

可调电阻器实物外形与电路图形符号对照如图4-5所示。

图4-5 可调电阻器实物外形与电路图形符号对照

**5** 热敏电阻器

热敏电阻器有正温度系数（PTC）和负温度系数（NTC）两种。它是一种阻值会随温度的变化而自动发生变化的电阻器。

热敏电阻器实物外形与电路图形符号对照如图4-6所示。

图4-6　热敏电阻器实物外形与电路图形符号对照

**6** 光敏电阻器

光敏电阻器是一种对光敏感的元件。它的阻值会随光照强度的变化而自动发生变化。在一般情况下，当入射光线增强时，它的阻值会明显减小；当入射光线减弱时，它的阻值会显著增大。

光敏电阻器实物外形与电路图形符号对照如图4-7所示。

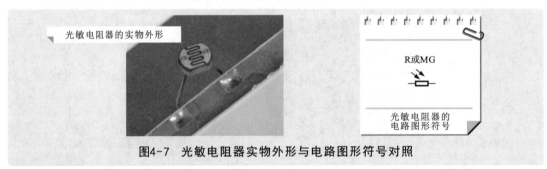

图4-7　光敏电阻器实物外形与电路图形符号对照

**7** 湿敏电阻器

湿敏电阻器的阻值随周围环境湿度的变化而发生变化（一般为湿度越高，阻值越小）。常用于湿度检测电路。

湿敏电阻器实物外形与电路图形符号对照如图4-8所示。

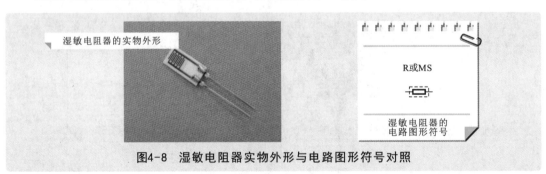

图4-8　湿敏电阻器实物外形与电路图形符号对照

## 8 气敏电阻器

气敏电阻器是利用金属氧化物半导体表面吸收某种气体分子时，会发生氧化反应或还原反应使电阻值改变的特性制成的电阻器。

气敏电阻器实物外形与电路图形符号对照如图4-9所示。

图4-9 气敏电阻器实物外形与电路图形符号对照

## 9 压敏电阻器

压敏电阻器是一种当外加电压施加到某一临界值时，阻值急剧变小的电阻器。在实际应用中，压敏电阻器常用作过电压保护器件。

压敏电阻器实物外形与电路图形符号对照如图4-10所示。

图4-10 压敏电阻器实物外形与电路图形符号对照

## 10 排电阻器

排电阻器（简称排阻）是一种将多个分立电阻器按照一定规律排列集成的一个组合型电阻器，也称集成电阻器或电阻器网络。

排电阻器实物外形与电路图形符号对照如图4-11所示。

图4-11 排电阻器实物外形与电路图形符号对照

## 4.1.2 电容器

电容器简称为电容，是一种可存储电能的元件（储能元件），与电阻器一样，几乎每种电子产品中都有电容器，是十分常见的电子元器件之一。

图4-12所示为典型电容器的外形特点与电路标识方法。

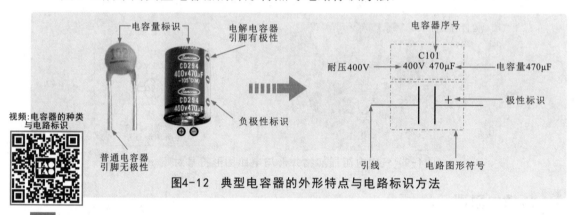

图4-12 典型电容器的外形特点与电路标识方法

### 1 无极性电容器

无极性电容器是指电容器的两引脚没有正、负极性之分，其电容量固定。

无极性电容器实物外形与电路图形符号对照如图4-13所示。

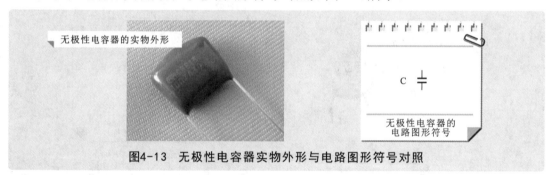

图4-13 无极性电容器实物外形与电路图形符号对照

### 2 有极性电容器

有极性电容器是指电容器的两引脚有明确的正、负极性之分，使用时，两引脚极性不可接反。

有极性电容器实物外形与电路图形符号对照如图4-14所示。

图4-14 有极性电容器实物外形与电路图形符号对照

### 3 微调电容器

微调电容器又称半可调电容器。这种电容器的电容量调整范围小，主要功能是微调和调谐回路中的谐振频率，主要用于收音机的调谐电路中。

微调电容器实物外形与电路图形符号对照如图4-15所示。

图4-15 微调电容器实物外形与电路图形符号对照

### 4 单联可调电容器

单联可调电容器是用相互绝缘的两组金属铝片对应组成的。其中，一组为动片，一组为定片，中间以空气为介质（因此也称为空气可调电容器）。

单联可调电容器实物外形与电路图形符号对照如图4-16所示。

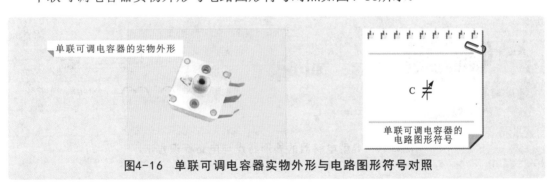

图4-16 单联可调电容器实物外形与电路图形符号对照

### 5 双联可调电容器

双联可调电容器可以简单理解为由两个单联可调电容器组合而成，调整时，双联电容同步变化。该电容器多应用于调谐电路中。

双联可调电容器实物外形与电路图形符号对照如图4-17所示。

图4-17 双联可调电容器实物外形与电路图形符号对照

**6 四联可调电容器**

四联可调电容器的内部包含4个单联可同步调整的电容器，每个电容器都各自附带1个用于微调的补偿电容，一般从可调电容器的背部可以看到。

四联可调电容器实物外形与电路图形符号对照如图4-18所示。

图4-18 四联可调电容器实物外形与电路图形符号对照

## 4.1.3 电感器

电感器也称为电感，属于一种储能元件，可以把电能转换成磁能并存储起来。

图4-19所示为典型电感器的外形特点与电路标识方法。

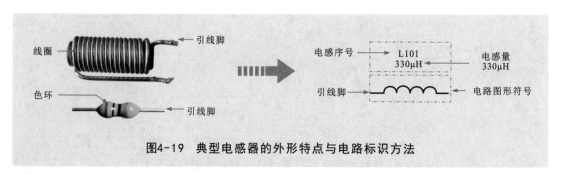

图4-19 典型电感器的外形特点与电路标识方法

**1 普通电感器**

普通电感器又称为固定电感器，包括色环电感器和色码电感器，主要功能是分频、滤波和谐振。

普通电感器实物外形与电路图形符号对照如图4-20所示。

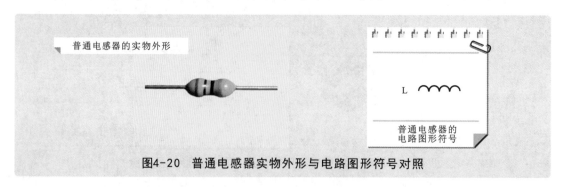

图4-20 普通电感器实物外形与电路图形符号对照

## 2 带磁芯电感器

带磁芯电感器包括磁棒电感器和磁环电感器，主要功能是分频、滤波和谐振。

带磁芯电感器实物外形与电路图形符号对照如图4-21所示。

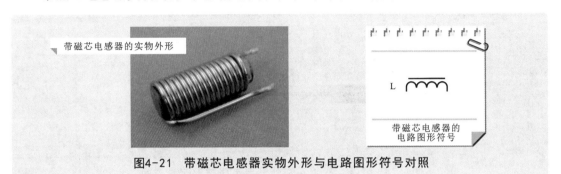

图4-21 带磁芯电感器实物外形与电路图形符号对照

## 3 可调电感器

可调电感器是可以对电感量进行细微调整的电感器，具有滤波、谐振功能。

可调电感器实物外形与电路图形符号对照如图4-22所示。

图4-22 可调电感器实物外形与电路图形符号对照

# 4.2 电工电路中的半导体器件

## 4.2.1 二极管

视频:二极管的种类与电路标识

二极管是一种常用的半导体器件，由一个P型半导体和一个N型半导体形成PN结，并在PN结两端引出相应的电极引线，再加上管壳密封制成。

图4-23所示为典型二极管的外形特点与电路标识方法。

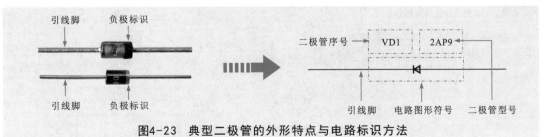

图4-23 典型二极管的外形特点与电路标识方法

## 1 整流二极管

整流二极管是一种具有整流作用的二极管，即可将交流整流成直流，主要用于整流电路中。

整流二极管实物外形与电路图形符号对照如图4-24所示。

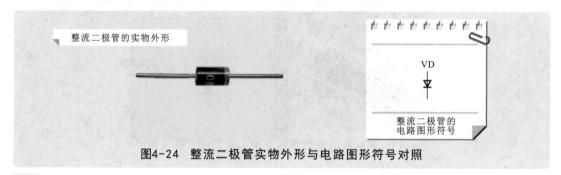

图4-24 整流二极管实物外形与电路图形符号对照

## 2 稳压二极管

稳压二极管是一种单向击穿二极管，利用PN结反向击穿时，两端电压固定在某一数值，基本上不随电流大小变化而变化的特点进行工作，因此可达到稳压的目的。

稳压二极管实物外形与电路图形符号对照如图4-25所示。

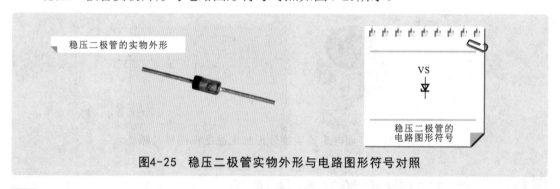

图4-25 稳压二极管实物外形与电路图形符号对照

## 3 发光二极管

发光二极管是一种利用正向偏置时PN结两侧的多数载流子直接复合释放出光能的发射器件。发光二极管简称LED，常用于显示器件或光电控制电路中的光源。

发光二极管实物外形与电路图形符号对照如图4-26所示。

图4-26 发光二极管实物外形与电路图形符号对照

## 4 光敏二极管

光敏二极管又称为光电二极管，当受到光照射时，二极管反向阻抗会随之变化（随着光照射的增强，反向阻抗会由大到小），利用这一特性，光敏二极管常用作光电传感器件。

光敏二极管实物外形与电路图形符号对照如图4-27所示。

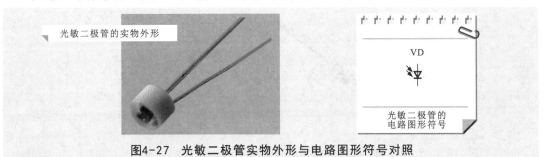

图4-27　光敏二极管实物外形与电路图形符号对照

## 5 双向二极管

双向二极管又称为二端交流器件（DIAC），是一种具有三层结构的两端对称半导体器件，常用来触发晶闸管或用于过电压保护、定时、移相电路。

双向二极管实物外形与电路图形符号对照如图4-28所示。

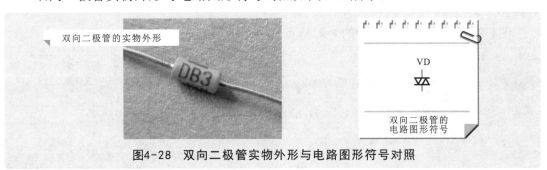

图4-28　双向二极管实物外形与电路图形符号对照

## 6 变容二极管

变容二极管在电路中起电容器的作用，多用于超高频电路中的参量放大器、电子调谐器及倍频器等高频电路和微波电路中。

变容二极管实物外形与电路图形符号对照如图4-29所示。

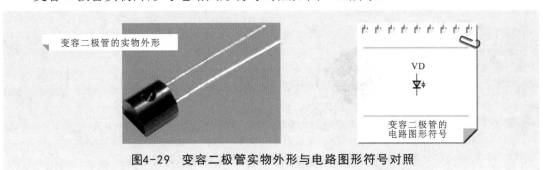

图4-29　变容二极管实物外形与电路图形符号对照

**7 热敏二极管**

热敏二极管属于温度感应器件，当周围温度正常时，电路接通；当受外界影响，温度升高时，达到热敏二极管工作温度后截止，电路断开，起保护作用。

热敏二极管实物外形与电路图形符号对照如图4-30所示。

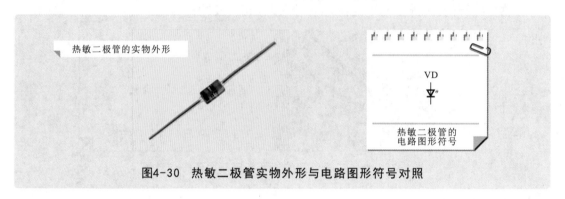

图4-30 热敏二极管实物外形与电路图形符号对照

# 4.2.2 三极管

三极管又称晶体管，是在一块半导体基片上制作两个距离很近的PN结，这两个PN结把整块半导体分成三部分，中间部分为基极（b），两侧部分为集电极（c）和发射极（e）。

图4-31所示为典型三极管的外形特点与电路标识方法。

图4-31 典型三极管的外形特点与电路标识方法

**1 NPN型三极管**

NPN型三极管实物外形与电路图形符号对照如图4-32所示。

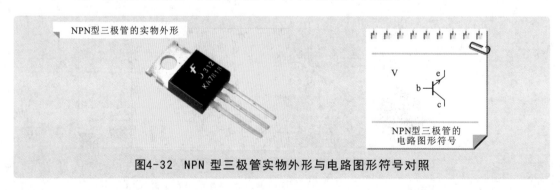

图4-32 NPN型三极管实物外形与电路图形符号对照

## 2 PNP型三极管

PNP型三极管实物外形与电路图形符号对照如图4-33所示。

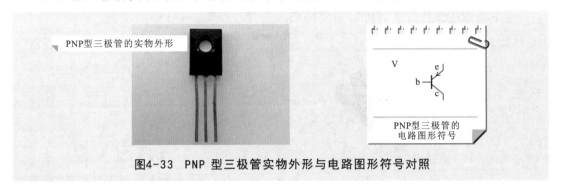

图4-33 PNP型三极管实物外形与电路图形符号对照

## 3 光敏三极管

光敏三极管是一种具有放大能力的光—电转换器件，相比光敏二极管具有更高的灵敏度。

光敏三极管实物外形与电路图形符号对照如图4-34所示。

图4-34 光敏三极管实物外形与电路图形符号对照

## 4.2.3 场效应晶体管

场效应晶体管简称为场效应管（FET），是一种利用电场效应控制电流大小的电压型半导体器件，具有PN结结构。

图4-35所示为典型场效应晶体管的外形特点与电路标识方法。

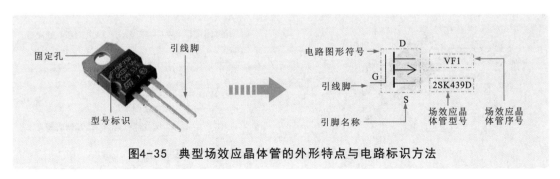

图4-35 典型场效应晶体管的外形特点与电路标识方法

## 1 结型场效应晶体管

结型场效应晶体管（JFET）可用来制作信号放大器、振荡器和调制器等。

结型场效应晶体管实物外形与电路图形符号对照如图4-36所示。

图4-36 结型场效应晶体管实物外形与电路图形符号对照

## 2 绝缘栅型场效应晶体管

绝缘栅型场效应晶体管（MOSFET）一般用于音频功率放大、开关电源、逆变器、镇流器、电动机驱动、继电器驱动等电路中。

绝缘栅型场效应晶体管实物外形与电路图形符号对照如图4-37所示。

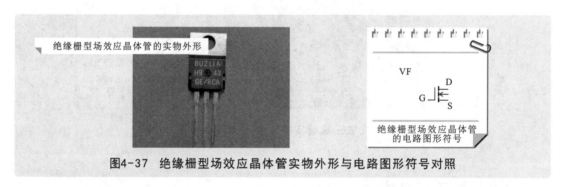

图4-37 绝缘栅型场效应晶体管实物外形与电路图形符号对照

## 4.2.4 晶闸管

晶闸管是一种可控整流器件，也称可控硅。

图4-38所示为典型晶闸管的外形特点与电路标识方法。

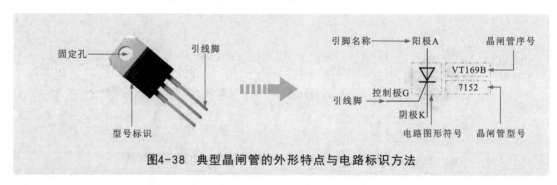

图4-38 典型晶闸管的外形特点与电路标识方法

## 1 单向晶闸管

单向晶闸管（SCR）是指触发后只允许一个方向的电流流过的半导体器件，相当于一个可控的整流二极管。广泛应用于可控整流、交流调压、逆变器等电路中。

单向晶闸管实物外形与电路图形符号对照如图4-39所示。

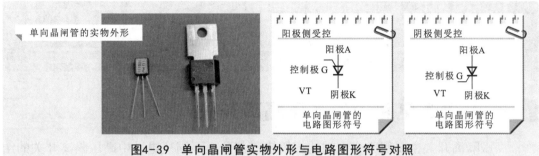

图4-39 单向晶闸管实物外形与电路图形符号对照

## 2 双向晶闸管

双向晶闸管又称为双向可控硅。在结构上相当于两个单向晶闸管反极性并联。双向晶闸管可双向导通，允许两个方向有电流流过，常用于交流电路调节电压、电流。

双向晶闸管实物外形与电路图形符号对照如图4-40所示。

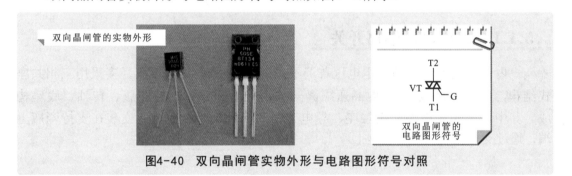

图4-40 双向晶闸管实物外形与电路图形符号对照

## 3 可关断晶闸管

可关断晶闸管（GTO）也称为门控晶闸管、门极关断晶闸管。其主要特点是当门极加负向触发信号时，晶闸管能自行关断。

可关断晶闸管实物外形与电路图形符号对照如图4-41所示。

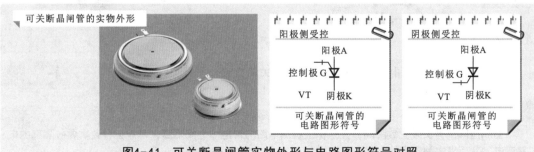

图4-41 可关断晶闸管实物外形与电路图形符号对照

# 第5章
# 电工电路中的电气部件

## 5.1 电工电路中的高压隔离开关

高压隔离开关主要用于变电站的高压输入部分,不同变电站中高压隔离开关的结构和型号有很大的不同。例如,工作在10kV的隔离开关和工作在300~500kV的隔离开关因所承受的电压不同,其结构也有很大的差别。

高压隔离开关需要与高压断路器配合使用,主要用于检修时隔离电压或运行时进行倒闸操作,能起隔离电压的作用。因结构上无灭弧装置,一般不能将其用于切断电流和投入电流,即不能进行带负荷分断的操作,目前也有一些能分断负荷的隔离开关。

### 5.1.1 户内高压隔离开关

户内高压隔离开关的额定电压普遍不高,一般均在35kV以下,多采用三相共座式结构,如图5-1所示。户内高压隔离开关由导电部分、支持瓷瓶、转轴、底座构成。其中,每相导电部分由触座、导电刀闸和静触头等组成,并安装在支持瓷瓶上端,通过支持瓷瓶固定在底座上。

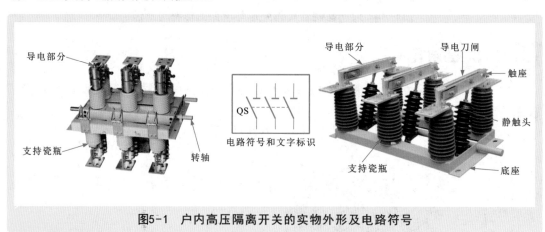

图5-1 户内高压隔离开关的实物外形及电路符号

补充说明

当高压隔离开关发生故障时,无法保证检测电路与带电体之间隔离,可能会导致需要被隔离的电路带电,从而发生触电事故。

## 5.1.2 | 户外高压隔离开关

户外高压隔离开关与户内高压隔离开关的工作原理相同，但结构形式不同，图5-2所示为35kV及以下户外高压隔离开关的实物外形及电路符号。户外高压隔离开关主要由底座、支持瓷瓶及导电部分构成。

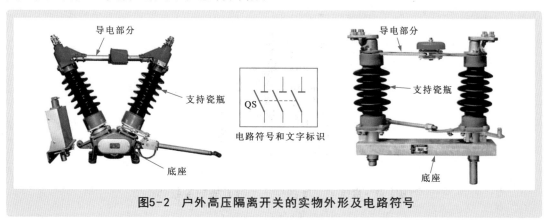

图5-2 户外高压隔离开关的实物外形及电路符号

# 5.2 高压负荷开关

高压负荷开关（UGS）是一种介于高压断路器和高压隔离开关之间的电器，主要用于3～63kV高压配电线路中。高压负荷开关常与高压熔断器串联使用，用于控制电力变压器或电动机等设备。具有简单的灭弧装置，能通断一定负荷的电流，但不能断开短路电流，所以要和熔断器串联使用，靠熔断器进行短路保护。

高压负荷开关在变配电设备中，是对高压电路的负载电流、变压器的励磁电流、电容充放电电流进行开关控制的装置。在其电路发生短路或有异常电流出现时，可在规定时间内进行断电。

## 5.2.1 | 室内用空气负荷开关

所谓空气负荷开关是指电路的开关动作是在空气中进行的。室内用空气负荷开关的实物外形如图5-3所示。这种开关作为负荷电流的开关、变压器一次侧电路的开关、进相电容器的开关，是以防止普通断路器误操作而引发故障为目的而使用的开关装置。

图5-3 室内用空气负荷开关的实物外形

### 5.2.2 | 带电力熔断器空气负荷开关

带电力熔断器空气负荷开关是空气负荷开关和电力熔断器相结合的装置。通常，负荷电流和过负荷电流由这种负荷开关进行开合，而短路电流则由熔断器切断。这种开关兼有断路器、负荷开关和熔断器3种功能，其实物外形如图5-4所示。

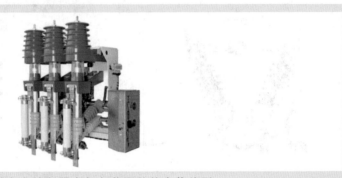

图5-4　带电力熔断器空气负荷开关的实物外形

## 5.3　高压熔断器

高压熔断器（FU）在高压供配电线路中用于保护设备安全，当高压供配电线路出现过电流情况时，高压熔断器会自动断开电路，确保高压供配电线路及设备的安全。

### 5.3.1 | 户内高压限流熔断器

在变配电设备中，熔断器用于高压电路和机器的短路保护，高压变压器、高压进相电容器、高压电动机电路等器件发生故障时，由短路电流进行断路保护的器件就是熔断器。其中，户内高压限流熔断器主要用于3～35kV、三相交流50Hz的电力系统中，用来对电气设备进行严重过负荷和短路电流保护。

户内高压限流熔断器的结构如图5-5所示。限流型熔断器，其结构兼顾熔断器和开关，使用钩棒进行操作，将断路器的刀闸制成熔断器筒进行开关。

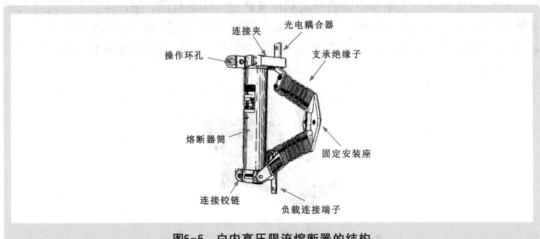

图5-5　户内高压限流熔断器的结构

### 5.3.2 户外交流高压跌落式熔断器

户外交流高压跌落式熔断器主要用于额定电压为10~35kV、三相交流50Hz的电力系统中，作为配电线路或配电变压器的过载和短路保护设备。图5-6所示为户外交流高压跌落式熔断器的实物外形及电路符号。

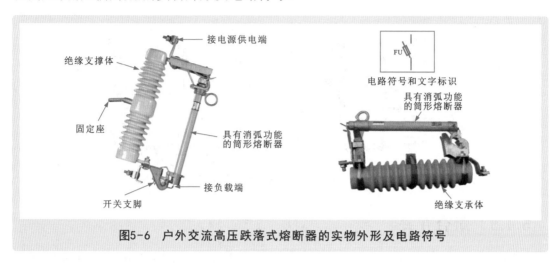

**图5-6 户外交流高压跌落式熔断器的实物外形及电路符号**

## 5.4 低压开关

低压开关是指工作在交流电压小于1200V、直流电压小于1500V的电路中，并且用于对电路起通断、控制、保护及调节作用的开关。

### 5.4.1 开启式负荷开关

开启式负荷开关又称胶盖刀闸开关，简称刀开关，其主要作用是在带负荷状态下可以接通或切断电路。通常应用在电气照明电路、电热回路、建筑工地供电、农用机械供电，或者作为分支电路的配电开关。

图5-7所示为开启式负荷开关的实物外形。通常情况下，二极式的额定电压为250V，三极式的额定电压为380V，其额定电流都在10~100A不等。

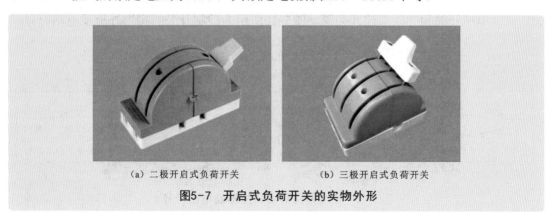

(a) 二极开启式负荷开关　　　(b) 三极开启式负荷开关

**图5-7 开启式负荷开关的实物外形**

### 5.4.2 | 封闭式负荷开关

封闭式负荷开关又称铁壳开关，通常用于电力灌溉、电热器、电气照明电路的配电设备中，即额定电压小于500V、额定电流小于200A的电气设备中，用于非频繁接通和分断电路。封闭式负荷开关的实物外形如图5-8所示。

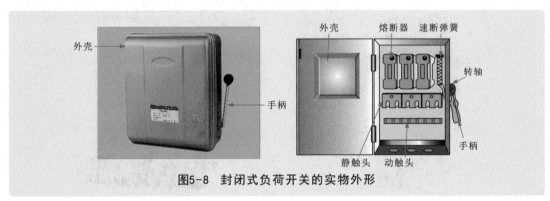

图5-8 封闭式负荷开关的实物外形

### 5.4.3 | 组合开关

组合开关又称为转换开关，是一种转动式的刀闸开关，主要用于接通或切断电路、换接电源或局部照明等。图5-9所示为组合开关的实物外形。

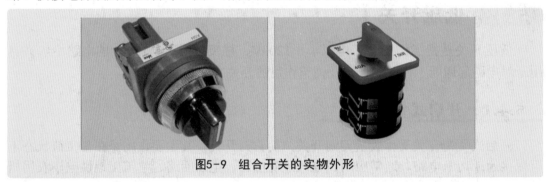

图5-9 组合开关的实物外形

### 5.4.4 | 控制开关

控制开关主要用于家庭照明线路中，根据其内部的结构不同，主要分为单联单控开关、双联单控开关和三联双控开关等。图5-10所示为控制开关的实物外形及电路符号。

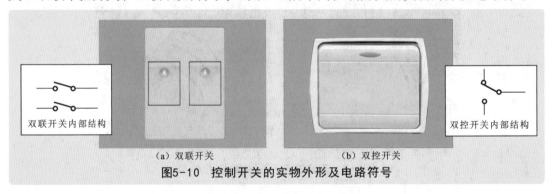

（a）双联开关　　　（b）双控开关

图5-10 控制开关的实物外形及电路符号

# 5.5 低压断路器

低压断路器又称为空气开关，它是一种既可以通过手动控制，又可以自动控制的低压开关，主要用于接通或切断供电线路。这种开关具有过载、短路或欠压保护的功能，常用于不频繁接通和切断电路中。

目前，常见的低压断路器有塑壳断路器、万能断路器和漏电保护断路器3种。

## 5.5.1 塑壳断路器

塑壳断路器又称装置式断路器，这种断路器通常用作电动机及照明系统的控制开关、供电线路的保护开关等。图5-11所示为塑壳断路器的实物外形及电路符号。

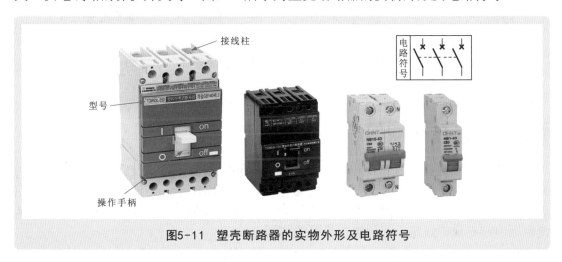

图5-11 塑壳断路器的实物外形及电路符号

## 5.5.2 万能断路器

万能断路器主要用于低压电路中不频繁接通和分断容量较大的电路，即适用于交流50Hz、额定电流为6300A、额定电压为690V的配电设备中。图5-12所示为万能断路器的实物外形。

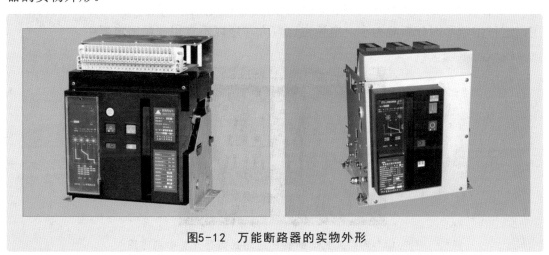

图5-12 万能断路器的实物外形

### 5.5.3 漏电保护断路器

漏电保护断路器实际上是一种具有漏电保护功能的断路器，如图5-13所示。这种断路器具有漏电、触电、过载、短路的保护功能，对防止触电伤亡事故、避免因漏电而引起的火灾事故具有明显的效果。

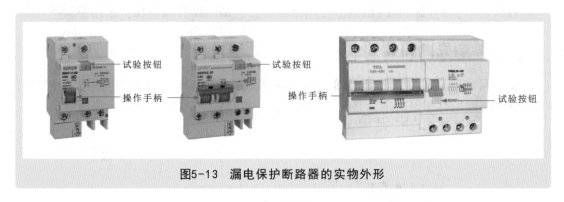

图5-13 漏电保护断路器的实物外形

## 5.6 低压熔断器

低压熔断器是指在低压配电系统中用作线路和设备的短路及过载保护的电器。当系统正常工作时，低压熔断器相当于一根导线，起通路作用；当通过低压熔断器的电流大于规定值时，低压熔断器会使自身的熔体熔断而自动断开电路，在一定的短路电流范围内起到保护线路上其他电气设备的作用。

### 5.6.1 瓷插入式熔断器

瓷插入式熔断器一般用于交流50Hz、三相380V或单相220V、额定电流低于200A的低压线路末端或分支电路中，用于电缆及电气设备的短路保护和过载保护。

瓷插入式熔断器主要用于民用和工业企业的照明电路中，即220V单相电路和380V三相电路的短路保护中，图5-14所示为瓷插入式熔断器在封闭式负荷开关内的应用。这种熔断器因分断能力小，电弧也比较大，所以不宜用在精密电器中。

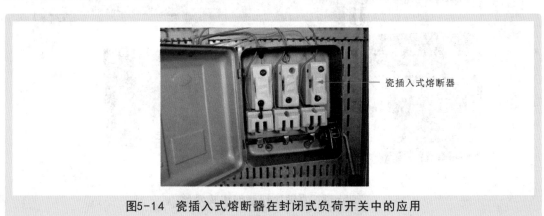

图5-14 瓷插入式熔断器在封闭式负荷开关中的应用

### 5.6.2 | 螺旋式熔断器

螺旋式熔断器主要用于交流50Hz或60Hz、额定电压为660V、额定电流为200A左右的电路中，主要起到对配电设备、导线等过载和短路保护的作用。

螺旋式熔断器主要由瓷帽、熔断管、上接线端、下接线端和底座等组成。图5-15所示为螺旋式熔断器的实物外形。

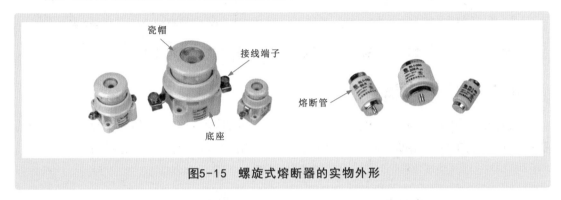

图5-15 螺旋式熔断器的实物外形

### 5.6.3 | 无填料封闭管式熔断器

无填料封闭管式熔断器的断流能力大、保护性好，主要用于交流电压为500V、直流电压为400V、额定电流为1000A以内的低压线路及成套配电设备中，具有短路保护和防止连续过载的功能。图5-16所示为无填料封闭管式熔断器的实物外形和结构，其内部主要由熔体、夹座、黄铜套管、黄铜帽、插刀、钢纸管等构成。

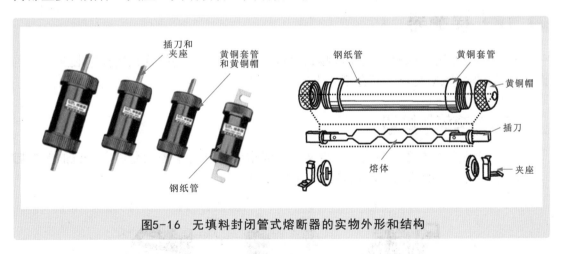

图5-16 无填料封闭管式熔断器的实物外形和结构

### 5.6.4 | 有填料封闭管式熔断器

有填料封闭管式熔断器内部填充石英砂，主要应用于交流电压为380V、额定电流为1000A以内的电力网络和成套配电装置中。图5-17所示为有填料封闭管式熔断器的实物外形和结构，它主要由熔断器和底座构成。

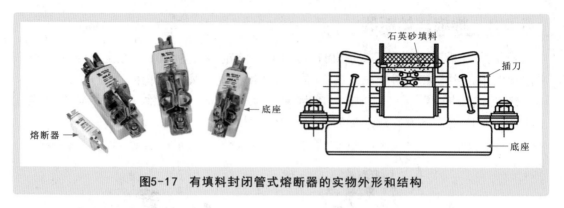

图5-17 有填料封闭管式熔断器的实物外形和结构

### 5.6.5 快速熔断器

快速熔断器是一种灵敏度高、快速动作型的熔断器。图5-18所示为快速熔断器的实物外形，它主要由熔断管和底座构成，其中，熔断管为一次性使用部件。

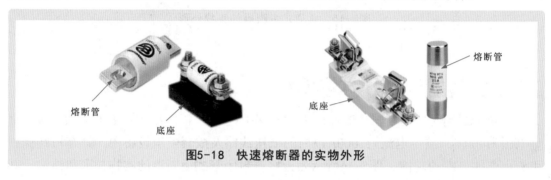

图5-18 快速熔断器的实物外形

## 5.7 接触器

接触器是通过电磁机构动作，频繁地接通和分断主电路的远距离操纵装置。在电路中通常以字母KM表示，而在型号上通常用C表示。

### 5.7.1 交流接触器

交流接触器主要用于供远距离接通与分断电路，并用于控制交流电动机的频繁启动和停止。图5-19所示为交流接触器的实物外形。

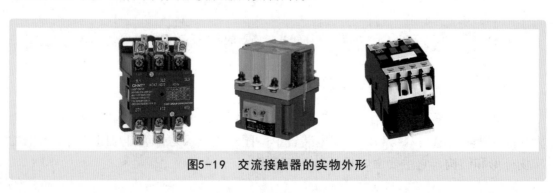

图5-19 交流接触器的实物外形

交流接触器常用于电动机控制电路中。当线圈通电后，将产生电磁吸力，从而克服弹簧的弹力使铁芯吸合，并带动触头动作，即辅助触头断开、主触头闭合；当线圈失电后，电磁铁失磁，电磁吸力消失，在弹簧的作用下触头复位。

## 5.7.2 直流接触器

直流接触器主要用于远距离接通与分断电路，频繁启动、停止直流电动机及控制直流电动机的换向或反接制动。常用的直流接触器主要有3TC系列、TCC1系列、CZ0系列、CZ22-63系列等。图5-20所示为直流接触器的实物外形，每个系列的直流接触器都是按其主要用途进行设计的。在选用直流接触器时，首先应了解其使用场合和控制对象的工作参数。

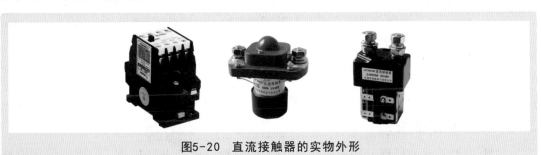

图5-20 直流接触器的实物外形

## 5.8 主令电器

主令电器是用来频繁地按顺序操纵多个控制回路的主指令控制电器。它具有接通与断开电路的功能，利用这种功能，可以实现对生产机械的自动控制。主令电器有按钮、位置开关、接近开关及主令控制器等。

## 5.8.1 按钮

按钮可以实现在小电流电路中短时接通和断开电路的功能，以手动控制电路中的继电器或接触器等器件，间接起到控制主电路的功能。图5-21所示为几种按钮的实物外形。

图5-21 几种按钮的实物外形

不同类型的按钮，其内部结构也有所不同，常见的有动合按钮、动断按钮、复合按钮3种，如图5-22所示。

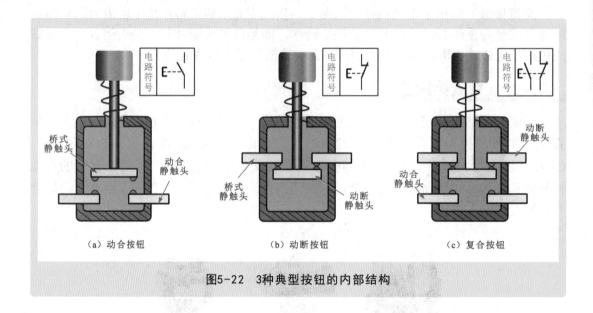

（a）动合按钮　　　　　　（b）动断按钮　　　　　　（c）复合按钮

图5-22　3种典型按钮的内部结构

## 5.8.2 ｜ 位置开关

位置开关又称为行程开关或限位开关，是一种小电流电气开关，可用来限制机械运动的行程或位置，使运动机械实现自动控制。位置开关在控制电路中摆脱了手动操作的限制，其内部的操动机构在机器的运动部件到达一个预定订位置时进行了接通和断开电路的操作，从而达到一定的控制要求。

位置开关按其结构可以分为按钮式位置开关、单轮旋转式位置开关和双轮旋转式位置开关3种，如图5-23所示。

应用位置开关时，可以根据使用的环境及控制对象来选择使用的类型。若是运用在有规则的控制并频繁通断的电路中，可以选择使用按钮式或单轮旋转式位置开关；若是用于无规则的通断电路中，可以选用双轮旋转式位置开关；另外，还应根据控制回路的电压和电流来选择位置开关的类型。目前，常采用的位置开关主要有JW2系列、JLXK1系列、LX44系列。

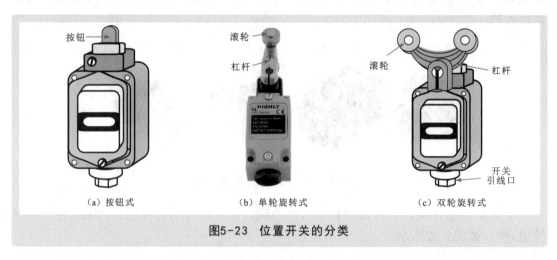

（a）按钮式　　　　　　（b）单轮旋转式　　　　　　（c）双轮旋转式

图5-23　位置开关的分类

### 5.8.3 | 接近开关

接近开关也称为无触点位置开关，当某种物体与之接近到一定距离时就发出"动作"信号，它无须施以机械力。接近开关的用途已经远远超出一般的位置开关的行程和限位保护，它还可以用于高速计数、测速、液面控制、检测金属体的存在、检测零件尺寸，在自动控制系统中可被用作位置传感器等。

常用的接近开关主要有电感式接近开关、电容式接近开关、光电式接近开关等，如图5-24所示。

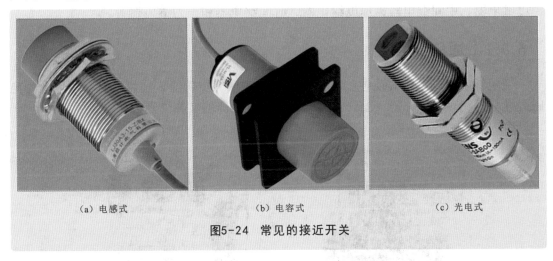

（a）电感式　　　　　　　（b）电容式　　　　　　　（c）光电式

图5-24　常见的接近开关

### 5.8.4 | 主令控制器

主令控制器可以实现频繁地手动控制多个回路，还可以通过接触器来实现被控电动机的启动、调速和反转。图5-25所示为主令控制器的实物外形及结构，从图中可知，主令控制器主要由弹簧、转动轴、手柄、接线柱、动触头、静触头、支杆及凸轮块等组成。

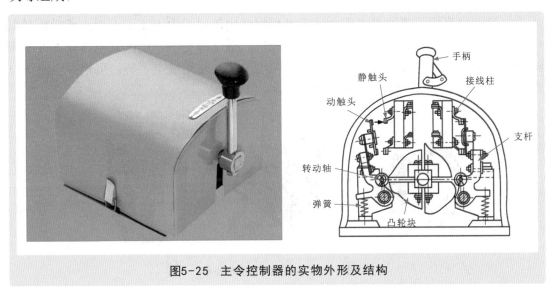

图5-25　主令控制器的实物外形及结构

## 5.9　继电器

继电器是是一种根据外界输入量来控制电路接通或断开的自动电器。当输入量的变化达到规定要求时，在电气输出电路中使控制量发生预定的阶跃变化。其输入量可以是电压、电流等电量，也可以是非电量，如温度、速度、压力等；输出量则是触头的动作。继电器主要用于控制、线路保护或信号转换。继电器按其用途可以分为通用继电器、控制继电器和保护继电器；按其动作原理可以分为电磁式继电器、电子式继电器和电动式继电器；按其信号反应可以分为电流继电器、电压继电器、热继电器、温度继电器、中间继电器、速度继电器、时间继电器和压力继电器等。

### 5.9.1　通用继电器

通用继电器既可以实现控制功能，也可以实现保护功能。通用继电器可以分为电磁式继电器和固态继电器，图5-26所示为通用继电器的实物外形。

（a）电磁继电器　　　　　　　　　　（b）固态继电器

图5-26　通用继电器的实物外形

### 5.9.2　电流继电器

电流继电器属于保护继电器之一，是根据继电器线圈中电流大小而接通或断开电路的继电器。图5-27所示为电流继电器的外形。通常情况下，电流继电器分为过电流继电器、欠电流继电器、直流继电器、交流继电器、通用继电器等。可根据电流继电器应用范围的不同来选择不同的电流继电器。

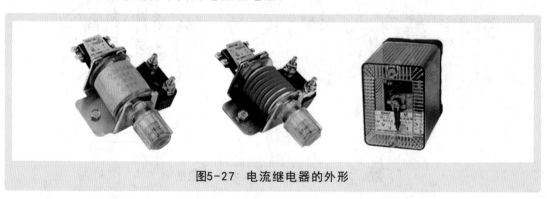

图5-27　电流继电器的外形

### 5.9.3 电压继电器

常用的电压继电器为电磁式电压继电器,如图5-28所示,此种继电器线圈并联在电路上,其触头的动作与线圈电压大小有直接的关系。电压继电器在电力拖动控制系统中起电压保护和控制的作用,用于控制电路的接通或断开。

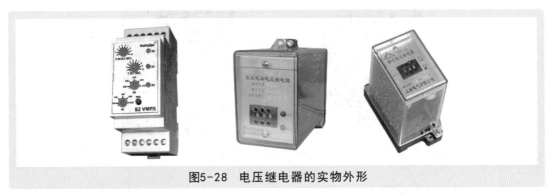

图5-28 电压继电器的实物外形

### 5.9.4 热继电器

热继电器是一种利用电流的热效应原理实现过热保护的继电器,其实物外形如图5-29所示。

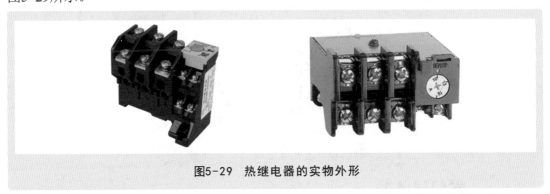

图5-29 热继电器的实物外形

### 5.9.5 温度继电器

温度继电器(图5-30)属于保护继电器,当电动机频繁启动、反复短时工作使操作频率过高,或者电动机过电流工作时,借助温度继电器就能很好地起到保护作用。

图5-30 温度继电器的实物外形

### 5.9.6 | 中间继电器

中间继电器属于控制继电器，通常用来控制各种电磁线圈使信号得到放大，将一个输入信号转变成一个或多个输出信号。图5-31所示为中间继电器的实物外形。

图5-31 中间继电器的实物外形

### 5.9.7 | 速度继电器

速度继电器又称为反接制动继电器。这种继电器主要与接触器配合使用，可按照被控电动机转速大小，使电动机接通或断开，实现电动机的反接制动。图5-32所示为速度继电器的实物外形。

图5-32 速度继电器的实物外形

### 5.9.8 | 时间继电器

时间继电器常用于控制各种电磁线圈，使信号得到放大，将一个输入信号转变成一个或多个输出信号。图5-33所示为时间继电器的实物外形。

图5-33 时间继电器的实物外形

# 第6章

# 电动机与电动机驱动控制

## 6.1 直流电动机

直流电动机主要采用直流供电方式。因此可以说，所有由直流电源（电源有正、负极之分）供电的电动机都可以称为直流电动机。直流电动机按照定子磁场的不同，可以分为永磁式直流电动机和电磁式直流电动机；按照结构的不同，可以分为有刷直流电动机和无刷直流电动机。

### 6.1.1 永磁式直流电动机

永磁式直流电动机的定子磁极是由永久磁体组成的，利用永久磁体提供磁场，使转子在磁场的作用下旋转。

永磁式直流电动机主要由定子、转子和电刷、换向器构成，如图6-1所示。其中，定子磁体与圆柱形外壳制成一体，转子绕组绕制在铁芯上与转轴制成一体，绕组的引线焊接在换向器上，通过电刷供电，电刷安装在定子机座上，与外部电源相连。

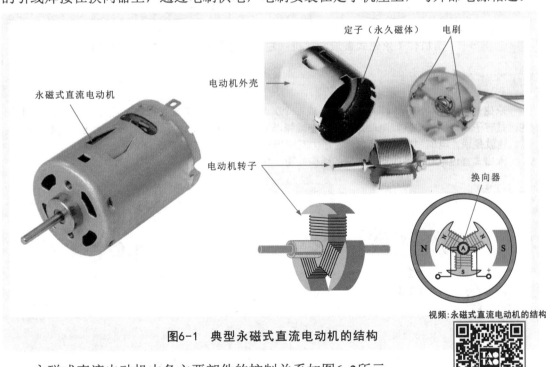

视频：永磁式直流电动机的结构

图6-1 典型永磁式直流电动机的结构

永磁式直流电动机中各主要部件的控制关系如图6-2所示。

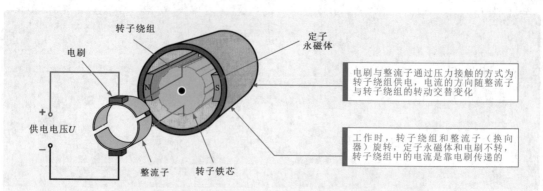

图6-2　永磁式直流电动机中各主要部件的控制关系

永磁式直流电动机根据内部转子构造的不同，可以细分为两极转子永磁式直流电动机和三极转子永磁式直流电动机，如图6-3所示。

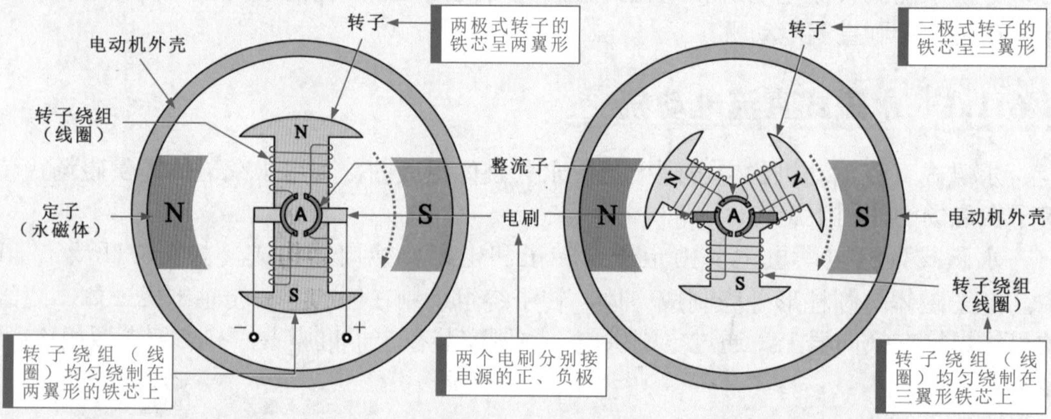

图6-3　两极转子永磁式直流电动机（左）和三极转子永磁式直流电动机（右）

永磁式直流电动机换向器是将3个（或多个）环形金属片（铜或银材料）嵌在绝缘轴套上制成的，是转子绕组的供电端。电刷是由铜石墨或银石墨组成的导电块，通过压力弹簧的压力接触到换向器。也就是说，电刷和换向器是靠弹性压力互相接触向转子绕组传送电流的。

永磁式直流电动机换向器和电刷的结构如图6-4所示。

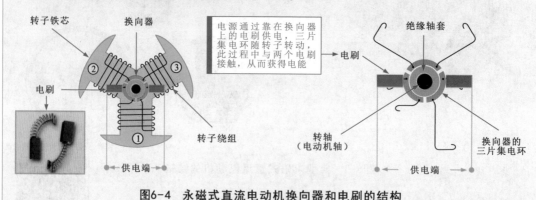

图6-4　永磁式直流电动机换向器和电刷的结构

## 6.1.2 电磁式直流电动机

电磁式直流电动机是将用于产生定子磁场的永磁体用电磁铁取代，定子铁芯上绕有绕组（线圈），转子部分是由转子铁芯、绕组（线圈）、整流子及转轴组成的。

图6-5所示为典型电磁式直流电动机的结构。

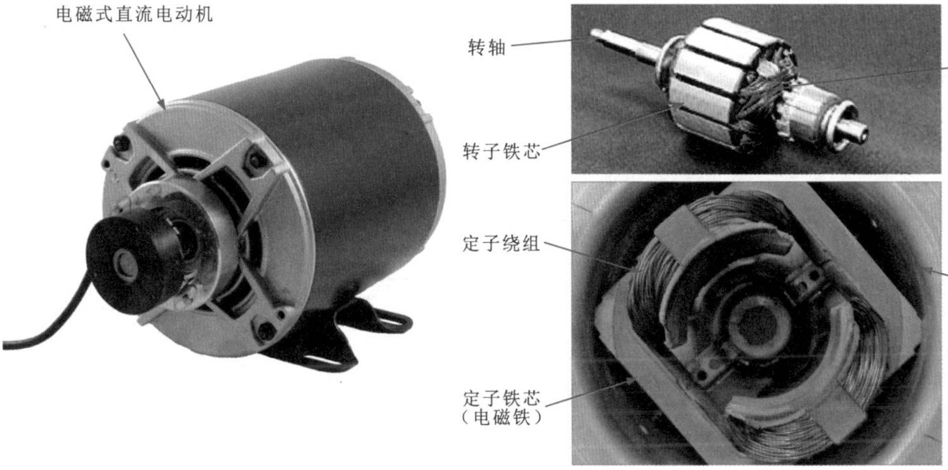

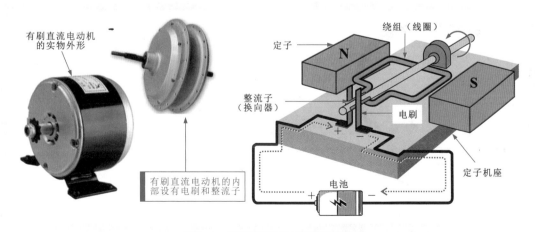

图6-5　典型电磁式直流电动机的结构

电磁式直流电动机根据内部结构和供电方式的不同，可以细分为他励式直流电动机、并励式直流电动机、串励式直流电动机和复励式直流电动机。

## 6.1.3 有刷直流电动机

有刷直流电动机是指内部包含电刷和换向器的一类直流电动机。

如图6-6所示，有刷直流电动机的定子是由永磁体组成的。转子是由绕组和整流子（换向器）构成的。电刷安装在定子机座上。电源通过电刷和换向器实现电动机绕组（线圈）中电流方向的变化。

图6-6　有刷直流电动机的结构

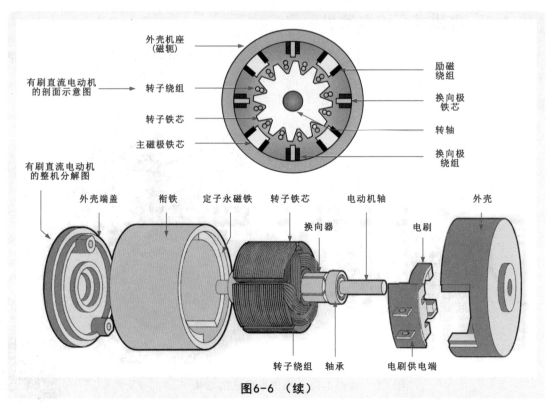

图6-6 （续）

有刷直流电动机工作时，绕组和换向器旋转，主磁极（定子）和电刷不旋转，直流电源经电刷加到转子绕组上，绕组电流的方向是随电动机转动的换向器及与其相关的电刷位置变化而交替变化的。

## 6.1.4 无刷直流电动机

无刷直流电动机去掉了电刷和整流子，转子是由永久磁钢制成的，绕组绕制在定子上。图6-7所示为典型无刷直流电动机的结构。定子上的霍尔元件用于检测转子磁极的位置，以便借助该位置信号控制定子绕组中的电流方向和相位，并驱动转子旋转。

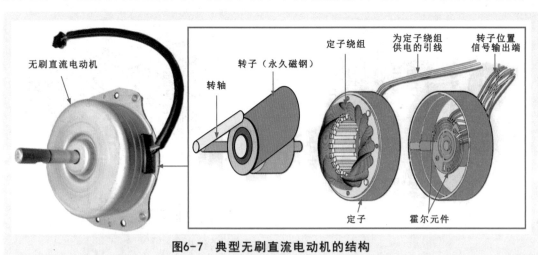

图6-7 典型无刷直流电动机的结构

# 6.2 交流电动机

交流电动机主要采用交流供电方式（单相220V或三相380V）。因此，所有由交流电源直接供电的电动机都可以称为交流电动机。交流电动机根据供电方式的不同，可分为单相交流电动机和三相交流电动机两大类。

## 6.2.1 单相交流电动机

在一般情况下，单相交流电动机是指采用单相电源（一根相线、一根零线构成的交流220V电源）供电的交流电动机（下面以单相交流异步电动机为例介绍）。

如图6-8所示，单相交流电动机的结构与直流电动机基本相同，都是由静止的定子、旋转的转子、转轴、轴承、端盖等部分构成的。

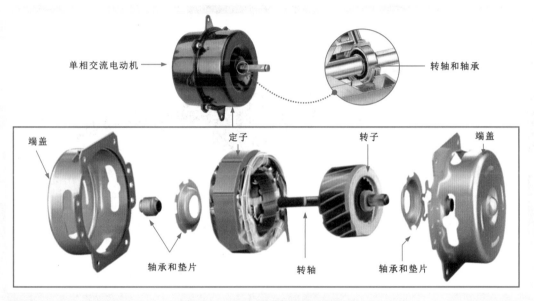

图6-8 单相交流电动机的结构

### 1 单相交流电动机的定子

如图6-9所示，单相交流电动机的定子主要由定子铁芯、定子绕组和引出线等部分构成。

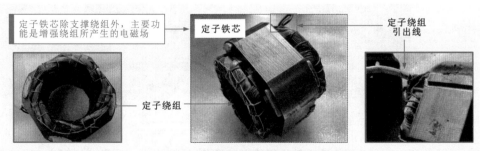

图6-9 单相交流电动机定子的结构

## 2 单相交流电动机的转子

单相交流异步电动机的转子是指电动机工作时发生转动的部分，主要有笼形转子和绕线形转子（换向器型）两种结构。图6-10所示为单相交流电动机笼形转子的结构。

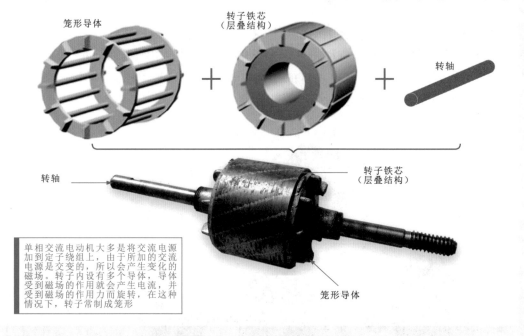

笼形导体

转子铁芯
（层叠结构）

转轴

转轴

转子铁芯
（层叠结构）

单相交流电动机大多是将交流电源加到定子绕组上，由于所加的交流电源是交变的，所以会产生变化的磁场。转子内设有多个导体，导体受到磁场的作用就会产生电流，并受到磁场的作用力而旋转，在这种情况下，转子常制成笼形

笼形导体

**图6-10 单相交流电动机笼形转子的结构**

图6-11所示为单相交流电动机绕线形（换向器型）转子的结构。

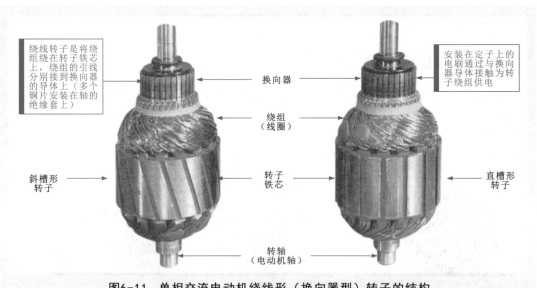

绕线转子是将绕组绕在转子铁芯上，绕组的引线分别接到换向器上的导体上（多个铜片安装在轴的绝缘套上）

安装在定子上的电刷通过与换向器导体接触为转子绕组供电

换向器

绕组
（线圈）

斜槽形
转子

转子
铁芯

直槽形
转子

转轴
（电动机轴）

**图6-11 单相交流电动机绕线形（换向器型）转子的结构**

## 6.2.2 三相交流电动机

三相交流电动机是指具有三相绕组，并由三相交流电源供电的电动机。该电动机的转矩较大、效率较高，多用于大功率动力设备中。

如图6-12所示，三相交流异步电动机的结构与单相交流异步电动机相似，同样由静止的定子、旋转的转子、转轴、轴承、端盖、外壳等部分构成。

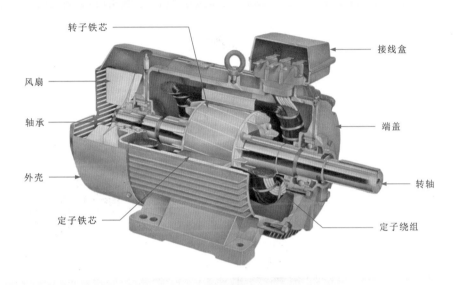

图6-12 三相交流异步电动机的结构

## 1 三相交流异步电动机的定子

如图6-13所示，三相交流异步电动机的定子部分通常安装固定在电动机外壳内，与外壳制成一体。在通常情况下，三相交流异步电动机的定子部分主要由定子绕组和定子的铁芯部分构成。

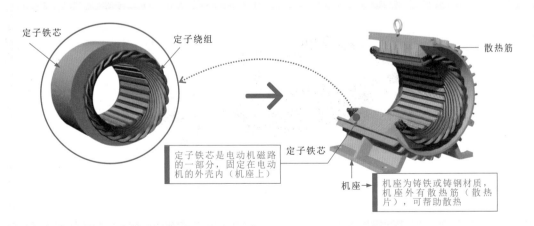

图6-13 三相交流异步电动机定子的结构

### 2 三相交流异步电动机的转子

转子是三相交流异步电动机的旋转部分，通过感应电动机定子形成的旋转磁场产生感应转矩而转动。三相交流异步电动机的转子有两种结构形式，即笼形转子和绕线形转子。图6-14所示为三相交流异步电动机笼形转子的结构。

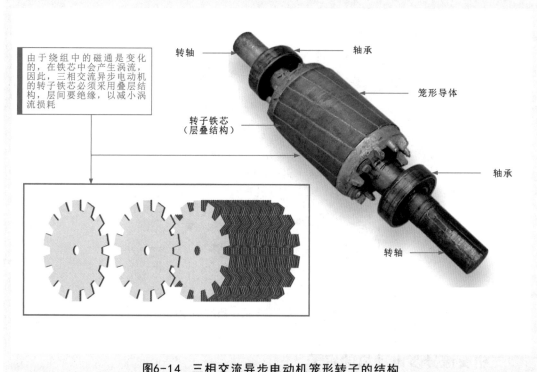

图6-14　三相交流异步电动机笼形转子的结构

图6-15所示为三相交流异步电动机绕线形转子的结构。

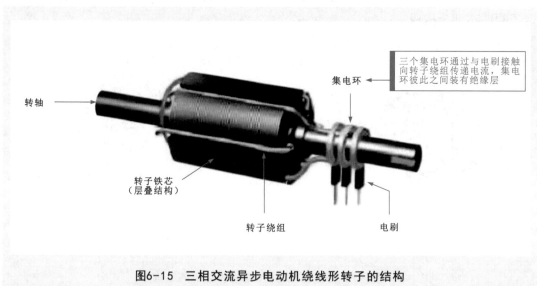

图6-15　三相交流异步电动机绕线形转子的结构

# 6.3 电动机驱动控制方式

## 6.3.1 晶体管电动机驱动方式

晶体管作为一种无触点电子开关常用于电动机驱动控制电路中，最简单的驱动电路如图6-16所示，直流电动机可接在晶体管发射极电路中（射极跟随器），也可接在集电极电路中作为集电极负载。当给晶体管基极施加控制电流时晶体管导通，则电动机旋转；控制电流消失则电动机停转。通过控制晶体管的电流可实现速度控制。

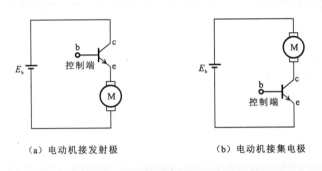

(a) 电动机接发射极　　　　　　　　(b) 电动机接集电极

**图6-16　晶体管电动机驱动电路**

## 6.3.2 场效应晶体管（MOS-FET）电动机驱动方式

采用场效应晶体管（MOS-FET）驱动电动机也是目前流行的一种驱动方式。

图6-17所示是最简单的一种电路结构，由于电动机的驱动电流较大，通常采用功率场效应晶体管，场效应晶体管采用电压控制方式，可实现小信号对大电流的控制，也可实现速度控制。

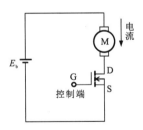

**图6-17　场效应晶体管电动机驱动电路**

## 6.3.3 单向晶闸管电动机驱动方式

图6-18所示是采用单向晶闸管的直流电动机驱动电路，这种电路也可用在交流电源电路中，单向晶闸管可在半波周期内被触发，改变触发角可实现速度控制。

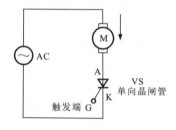

图6-18　单向晶闸管电动机驱动方式

## 6.3.4 | 双向晶闸管电动机驱动方式

图6-19所示是采用双向晶闸管的交直流电动机驱动电路，该电路可用在交流电源电路中，双向晶闸管受控可双向导通，因而可对交流电动机进行速度控制。

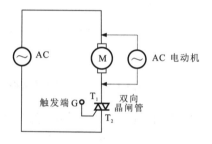

图6-19　双向晶闸管电动机驱动电路

## 6.3.5 | 二极管正/反转电动机驱动方式

图6-20所示是利用二极管的单向导电性构成的正/反转电动机驱动电路。这种电路的特点是将直流电动机接在交流电源中，改变开关SW的位置可改变电动机的旋转方向。

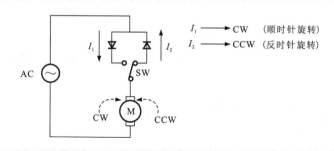

图6-20　二极管正/反转电动机驱动电路

## 6.3.6 | 双电源双向直流电动机驱动方式

图6-21所示是双电源双向直流电动机驱动电路。该驱动电路采用两个互补晶体管（NPN、PNP）作为驱动器件，当控制信号为正极性时，NPN晶体管导通，电源$E_{b1}$的电流$I_1$经NPN晶体管流过电动机形成回路，电动机则顺时针旋转。当控制信号为负极性时，PNP晶体管导通，电源$E_{b2}$的电流$I_2$经电动机和PNP晶体管构成回路，电动机则反时针旋转。

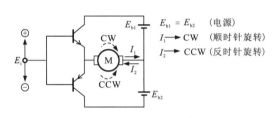

图6-21　双电源双向直流电动机驱动方式

## 6.3.7 | 桥式正/反转电动机驱动方式

图6-22所示是桥式正/反转电动机驱动电路，它由两组互补输出晶体管来驱动直流电动机，这样用一组电源供电就可实现正/反转驱动。当控制信号$E_{i1}>E_{i2}$时，VT1和VT4导通，VT2、VT3截止，电流由VT1集电极到发射极经电动机绕组再经VT2到电源负极形成回路，电动机顺时针旋转。当控制信号$E_{i1}<E_{i2}$时，晶体管VT2、VT3导通，VT1、VT4截止，电流经VT3、电动机绕组再经VT2到电源负极。流过电动机的电流与前相反则反时针方向旋转。

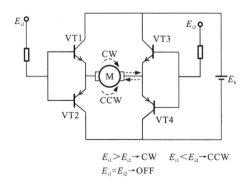

图6-22　桥式正/反转电动机驱动方式

## 6.4 常见电动机驱动控制电路

### 6.4.1 具有发电制动功能的电动机驱动电路

图6-23所示是具有发电制动功能的电动机驱动电路。该电路在a、b之间加上电源时，电流经二极管VD1为直流电动机供电，开始运转；当去掉a、b之间的电源时，电动机失去电源而停机，但由于惯性电动机会继续旋转，这时电动机就相当于发电机而产生反向电流，此时由于二极管VD1成反向偏置而截止，电流则经过VT1放电，吸收电动机产生的电能。

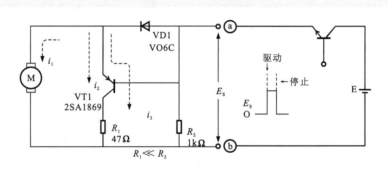

图6-23 具有发电制动功能的电动机驱动电路

### 6.4.2 直流电动机的正/反转切换电路

图6-24所示是直流电动机的正/反转切换电路。该电路采用双电源和互补晶体管（NPN/PNP）的驱动方式，电动机的正/反转由切换开关控制。当切换开关SW置于A时，正极性控制电压加到两三极管的基极。NPN型三极管V1导通，PNP型三极管VT2截止，电源$E_{b1}$为电动机供电，电流从左至右，电动机顺时针（CW）旋转。当切换开关SW置于B时，负极性控制电压加到两晶体管基极。PNP型三极管VT2导通，NPN型三极管VT1截止，电源$E_{b2}$为电动机供电，电流从右至左，电动机反时针（CCW）旋转。

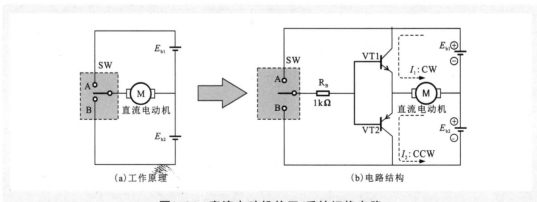

图6-24 直流电动机的正/反转切换电路

### 6.4.3 ｜ 驱动和制动分离的直流电动机控制电路

图6-25所示是驱动和制动分离的直流电动机控制电路，该电路采用双电源双驱动晶体管（NPN和PNP组合）的控制方式。低电压驱动信号加到VT1（PNP晶体管）的基极，VT1便导通，电源$E_{b1}$经VT1为电动机供电，电流由左向右，电动机开始旋转。停机时切断驱动信号，加上制动信号（正极性脉冲）VT1截止，电动机供电被切断，VT2导通$E_{b2}$为电动机反向供电，使电动机迅速制动，这样就避免了电动机因惯性而继续旋转。

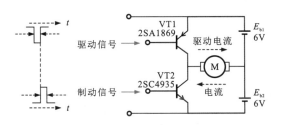

图6-25　驱动和制动分离的直流电动机控制电路

### 6.4.4 ｜ 运放LM358控制的直流电动机正/反转控制电路

图6-26所示是采用运放LM358控制的直流电动机正/反转控制电路，在电路中利用运算放大器LM358构成同相放大器，即输出信号的相位与输入信号的相位相同，将电位器设置在运算放大器的输入端，电位器上下做微调时，运放的输出会在正负极性之间变化。当加到运放接入端的信号为正极性时，运放的输出为正极性信号，于是VT1导通，电动机顺时针旋转，反之则逆时针旋转。

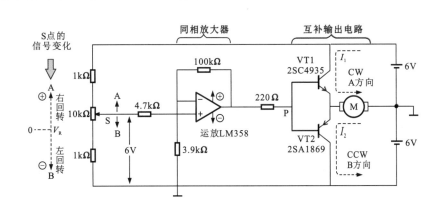

图6-26　采用运放LM358控制的直流电动机正/反转控制电路

## 6.4.5 | 4晶体管直流电动机正/反转控制电路

图6-27所示是4晶体管直流电动机正/反转控制电路，该电路不但可以进行正/反转控制，而且还可以进行速度微调。调整电位器设在VT1晶体管的基极电路中，当调整电位器时会使A点的电压变化。当A点的电压为0时电动机不转；当A点电压向正极性变化时VT1开始导通，VT1集电极电压下降，使VT2导通，于是VT3基极电压升高，VT3开始导通，电动机开始顺时针旋转。随着A点电压上升，电动机的转速会加快，当上升到一定程度使VT3饱和时，电动机速度不会再上升。当微调电位器使A点电压向负极性变化时，电动机开始反转，并在反向加速直到反向最大值。

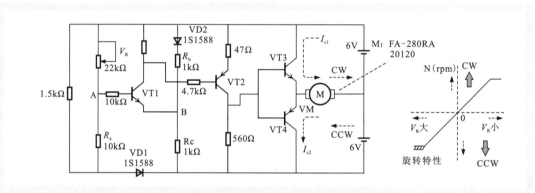

图6-27　4晶体管直流电动机正/反转控制电路

## 6.4.6 | 功率场效应晶体管电动机驱动电路

图6-28所示是采用功率场效应晶体管电动机驱动电路，采用晶体管驱动电动机必须由电流驱动晶体管的基极，如果电动机的电流较大则控制电流也随之增加。采用场效应晶体管控制电动机，只需电压控制信号。图中3个开关分别控制3个电动机，场效应晶体管在电路中相当于一个电子开关。

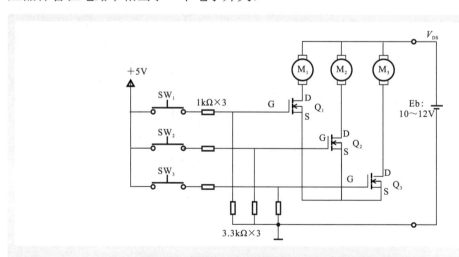

图6-28　采用功率场效应晶体管电动机驱动电路

### 6.4.7 │ 直流电动机的限流和保护电路

图6-29所示是直流电动机的限流和保护电路，驱动直流电动机的是由两个晶体管组成的复合晶体管，电流放大能力较大，限流电阻$R_E$（又称电流检测电阻）加在VT2的发射极电路中。控制电动机启动的信号加到VT1的基极，VT1、VT2导通后，24V电源为电动机供电。VT3是过流保护晶体管，当流过电动机的电流过大时，$R_E$上的电压上升，于是VT3导通，使VT1基极的电压降低，VT1基极电压降低会使VT1、VT2集电极电流减小，从而起到自动保护作用。

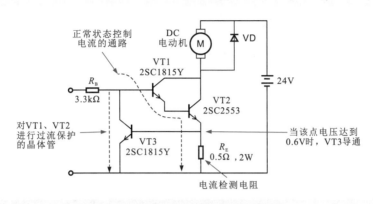

图6-29 直流电动机的限流和保护电路

### 6.4.8 │ 驱动电动机的逆变器电路

图6-30所示是驱动电动机的逆变器电路，在电源供电电路中将交流电源变成直流电源的整流电路称为正变换或顺变换，而将直流电源再变成交流电源的电路则称为逆变器电路。直流电源为逆变器电路供电，控制器中6个晶体管的导通和截止顺序可以输出交变的电流为电动机供电。

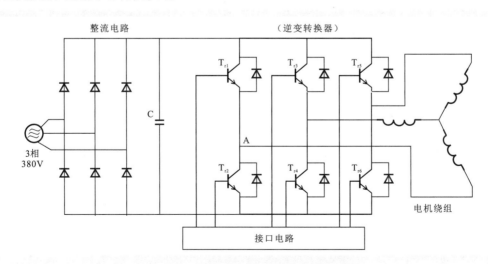

图6-30 驱动电动机的逆变器电路

# 第7章

# 供配电电路识图

## 7.1 供配电电路的特点

### 7.1.1 低压供配电电路的特点

图7-1所示为典型低压供配电电路的结构。低压供配电电路是指380/220V的供电和配电电路，主要实现对交流低压的传输和分配。

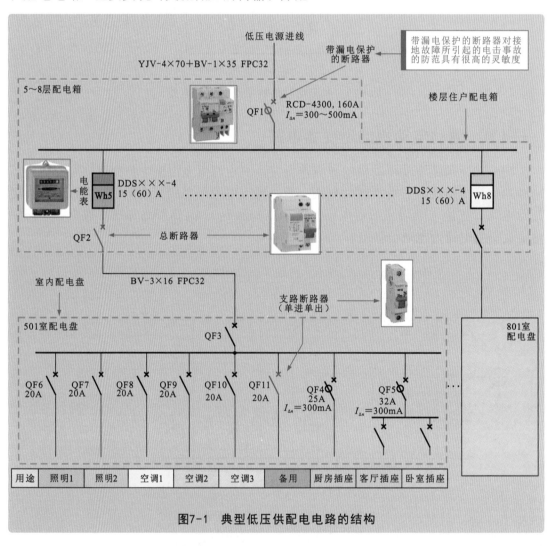

图7-1 典型低压供配电电路的结构

图7-2所示为典型低压供配电电路的控制关系。低压供配电电路由各种低压供配电设备按照一定的供配电控制关系连接而成，具有将供电电源向后级层层传递的特点。

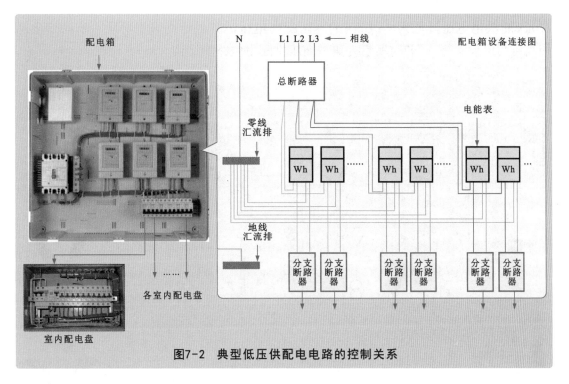

图7-2 典型低压供配电电路的控制关系

图7-3所示为典型入户低压供配电电路的结构。入户低压供配电电路主要用于对送入户内低电压进行传输和分配，为家庭低压用电设备供电。

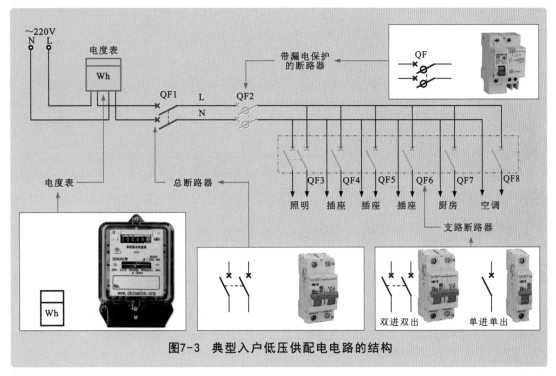

图7-3 典型入户低压供配电电路的结构

## 7.1.2 | 高压供配电电路的特点

高压供配电电路是指6~10kV的供电和配电电路，主要实现将电力系统中35~110kV的供电电压降低为6~10kV的高压配电电压，并供给高压配电所、车间变电所和高压用电设备等。图7-4所示为典型高压供配电电路的结构。

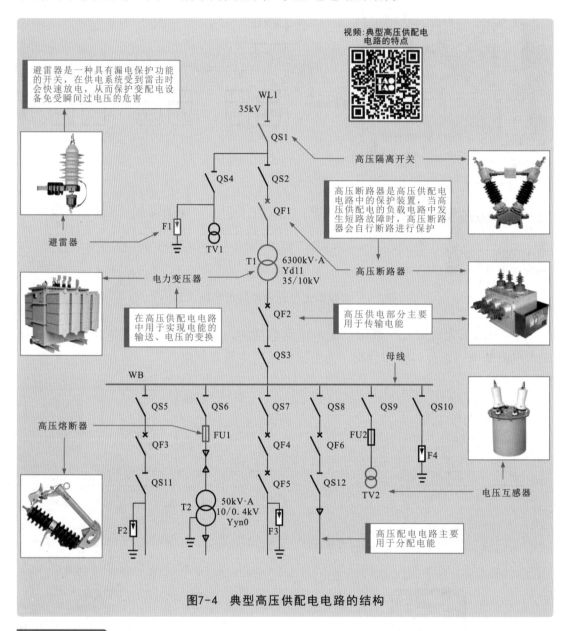

图7-4 典型高压供配电电路的结构

补充说明

单线连接表示高压电气设备的一相连接方式，而另外两相则被省略，这是因为三相高压电气设备中三相接线方式相同，即其他两相接线与这一相接线相同。这种高压供配电电路的单线电路图主要用于供配电电路的规划与设计及有关电气数据的计算、选用、日常维护、切换回路等参考，了解一相电路，就等同于知道了三相电路的结构组成等信息。

# 7.2 常用供配电电路的识图案例

## 7.2.1 低压动力线供配电电路的识图

低压动力线供配电电路是用于为低压动力用电设备提供380V交流电源的电路。图7-5所示为低压动力线供配电电路的识图分析。

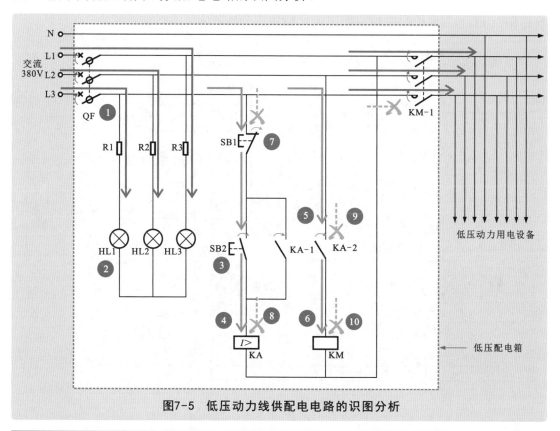

图7-5 低压动力线供配电电路的识图分析

【1】闭合总断路器QF，380V三相交流电接入电路中。

【2】三相电源分别经电阻器R1～R3为指示灯HL1～HL3供电，指示灯全部点亮。指示灯HL1～HL3具有断相指示功能，任何一相电压不正常，其对应的指示灯熄灭。

【3】按下启动按钮SB2，其常开触点闭合。

【3】→【4】过电流保护继电器KA的线圈得电。

【4】→【5】常开触点KA-1闭合，实现自锁功能。同时，常开触点KA-2闭合，接通交流接触器KM的线圈供电电路。

【5】→【6】交流接触器KM的线圈得电，常开主触点KM-1闭合，电路接通，为低压用电设备接通交流380V电源。

【7】当不需要为动力设备提供交流供电电压时，可按下停止按钮SB1。

【7】→【8】过电流保护继电器KA的线圈失电。

【8】→【9】常开触点KA-1复位断开，解除自锁。常开触点KA-2复位断开。

【9】→【10】交流接触器KM的线圈失电，常开主触点KM-1复位断开，切断交流380V低压供电。此时，该低压配电电路中的配电箱处于准备工作状态，指示灯仍点亮，为下一次启动做好准备。

## 7.2.2 | 低压配电柜供配电电路的识图

低压配电柜供配电电路主要用于对低电压进行传输和分配，为低压用电设备供电。在该电路中，一路作为常用电源，另一路则作为备用电源，当两路电源均正常时，黄色指示灯HL1、HL2均点亮，若指示灯HL1不能正常点亮，则说明常用电源出现故障或停电，此时需要使用备用电源进行供电，使该低压配电柜能够维持正常工作。图7-6所示为低压配电柜供配电电路的识图分析。

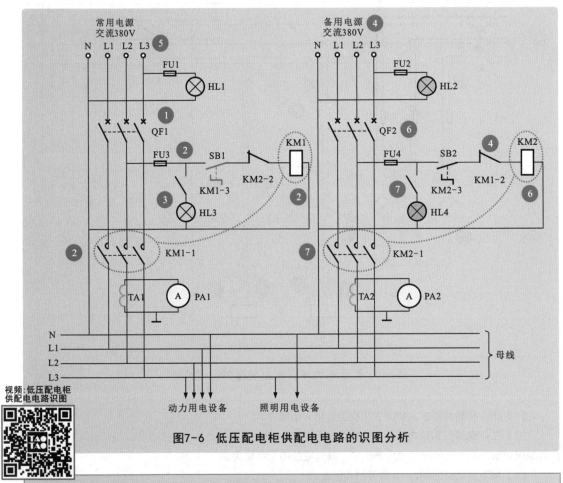

视频：低压配电柜
供配电电路识图

图7-6 低压配电柜供配电电路的识图分析

【1】HL1亮，常用电源正常。合上断路器QF1，接通三相电源。

【2】接通开关SB1，交流接触器KM1的线圈得电。

【3】KM1的常开触点KM1-1接通，向母线供电；常闭触点KM1-2断开，防止备用电源接通，起联锁保护作用；常开触点KM1-3接通，红色指示灯HL3点亮。

【4】常用电源供电电路正常工作时，KM1的常闭触点KM1-2处于断开状态，因此备用电源不能接入母线。

【5】当常用电源出现故障或停电时，交流接触器KM1的线圈失电，常开、常闭触点复位。

【6】此时接通断路器QF2、开关SB2，交流接触器KM2的线圈得电。

【7】KM2的常开触点KM2-1接通，向母线供电；常闭触点KM2-2断开，防止常用电源接通，起联锁保护作用；常开触点KM2-3接通，红色指示灯HL4点亮。

当常用电源恢复正常后，由于交流接触器KM2的常闭触点KM2-2处于断开状态，因此，交流接触器KM1的线圈不能得电，常开触点KM1-1不能自动接通，此时需要断开开关SB2使交流接触器KM2的线圈失电，常开、常闭触点复位，为交流接触器KM1的线圈再次工作提供条件，此时再操作SB1才起作用。

## 7.2.3 低压设备供配电电路的识图

低压设备供配电电路是一种为低压设备供电的配电电路，6～10kV的高压经降压器降压后变为交流低压，经开关为低压动力柜、照明设备或动力设备等提供工作电压。图7-7所示为低压设备供配电电路的识图分析。

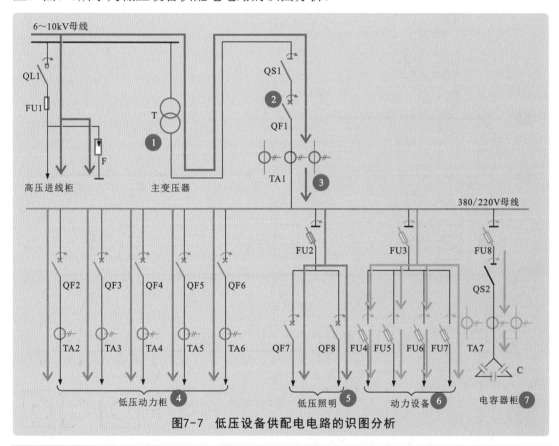

图7-7 低压设备供配电电路的识图分析

【1】6～10kV高压送入电力变压器T的输入端。电力变压器T输出端输出380/220V低压。

【2】合上隔离开关QS1、断路器QF1后，380/220V低压经QS1、QF1和电流互感器TA1送入380/220V母线中。

【3】380/220V母线上接有多条支路。

【3】→【4】合上断路器QF2～QF6后，380/220V电压经QF2～QF6、电流互感器TA2～TA6为低压动力柜供电。

【3】→【5】合上熔断式隔离开关FU2、断路器QF7/QF8，380/220V电压经FU2、QF7/QF8为低压照明电路供电。

【3】→【6】合上熔断式隔离开关FU3～FU7，380/220V电压经FU3、FU4～FU7为动力设备供电。

【3】→【7】合上熔断器式隔离开关FU8和隔离开关QS2，380/220V电压经FU8、QS2和电流互感器TA7为电容器柜供电。

## 7.2.4 楼宇低压供配电电路的识图

楼宇低压供配电电路是一种典型的低压供配电电路，一般由高压供配电电路经变压器降压后引入，经小区中的配电柜进行初步分配后，送到各个住宅楼单元中为住户供电，同时为整个楼宇内的公共照明、电梯、水泵等设备供电。图7-8所示为典型楼宇低压供配电电路的识图分析。

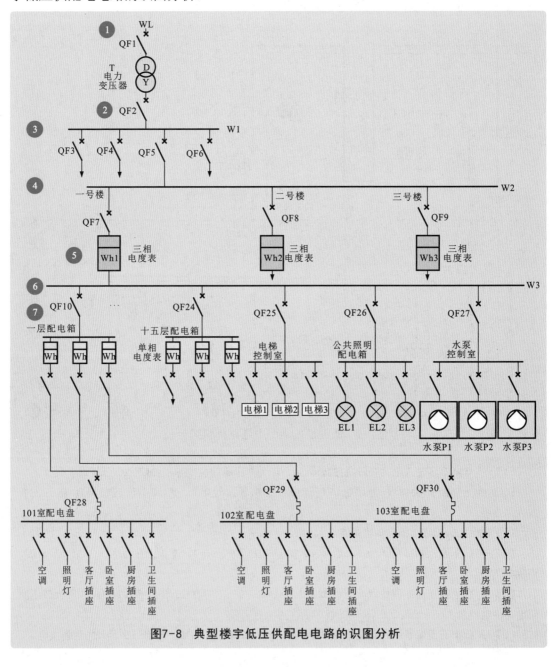

图7-8 典型楼宇低压供配电电路的识图分析

【1】高压配电电路经电源进线口WL后，送入小区低压配电室的电力变压器T中。

【2】变压器降压后输出380/220V电压，经小区内总断路器QF2后送到母线W1上。

【3】经母线W1后分为多个支路，每个支路可作为一个单独的低压供电电路使用。

【4】其中一条支路低压加到母线W2上，分为3路分别为小区中一号楼至三号楼供电。

【5】每一路上安装有一只三相电度表，用于计量每栋楼的用电总量。

【6】由于每栋楼有16层，除住户用电外，还包括电梯用电、公共照明等用电及供水系统的水泵用电等。小区中的配电柜将供电电路送到楼内配电间后，分为18个支路。15个支路分别为15层住户供电，另外3个支路分别为电梯控制室、公共照明配电箱和水泵控制室供电。

【7】每个支路首先经过一个支路总断路器后，再进行分配。以一层住户供电为例，低压电经支路总断路器QF10分为3路，分别经3只电度表后，由进户线送至3个住户室内。

## 7.2.5 | 高压变电所供配电电路的识图

高压变电所供配电电路是将35kV电压进行传输并转换为10kV高压，再进行分配与传输的电路，在传输和分配高压电的场合十分常见，如高压变电站、高压配电柜等电路。图7-9所示为高压变电所供配电电路的识图分析。

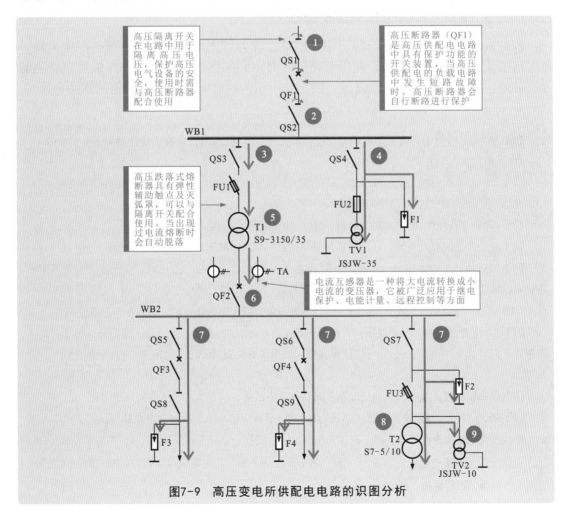

图7-9 高压变电所供配电电路的识图分析

【1】35kV电源电压经高压架空电路引入后，送至高压变电所供配电电路中。

【2】依次接通高压隔离开关QS1、高压断路器QF1、高压隔离开关QS2后，35kV电压加到母线WB1上，为母线WB1提供35kV电压。

【3】35kV电压经母线WB1后，分为两路。一路经高压隔离开关QS3、高压跌落式熔断器FU1后送至电力变压器T1。

【4】另一路经高压隔离开关QS4后，连接高压熔断器FU2、电压互感器TV1及避雷器F1等高压设备。

【5】电力变压器T1将35kV高压降为10kV，再经电流互感器TA、高压断路器QF2后加到母线WB2上。

【6】10kV电压加到母线WB2后分为3条支路。

【7】第1条支路和第2条支路相同，均经高压隔离开关、高压断路器后送出，并在电路中安装有避雷器。

【8】第3条支路首先经高压隔离开关QS7、高压跌落式熔断器FU3，送至变压器T2上，经变压器T2降压为0.4kV电压后输出。

【9】在变压器T2前部安装有电压互感器TV2，由电压互感器测量配电电路中的电压。

## 7.2.6 | 深井高压供配电电路的识图

深井高压供配电电路是一种应用在矿井、深井等工作环境下的高压供配电电路，在电路中使用高压隔离开关、高压断路器等对电路的通断进行控制，母线可以将电源分为多路，为各设备提供工作电压。图7-10所示为深井高压供配电电路的识图分析。

【1】1号电源进线中，合上QS1和QS3，接着闭合高压断路器QF1，再合上高压隔离开关QS6，35～110kV电源电压送入电力变压器T1的输入端。

【2】2号电源进线中，合上QS2和QS4，接着闭合高压断路器QF2，再合上高压隔离开关QS9，35～110kV电源电压送入电力变压器T2的输入端。

【3】1号电源进线中，电力变压器T1的输出端输出6～10kV的高压。

【4】合上高压隔离开关QS11、高压断路器QF4后，6～10kV高压送入6～10kV母线中。

【5】经母线后，该电压分为多路，分别为主/副提升机、通风机、空压机、变压器和避雷器等设备供电，每个分支中都设有控制开关（变压隔离开关），便于进行供电控制。

【6】最后一路经高压隔离开关QS19、高压断路器QF11以及电抗器L1后，送入井下主变电所中。

【7】2号电源进线中，电力变压器T2的输出端输出6～10kV的高压。合上高压隔离开关QS12和高压断路器QF5后，6～10kV高压送入6～10kV母线中。该母线的电源分配方式与前述的1号电源的分配方式相同。

【8】经高压隔离开关QS22、高压断路器QF13以及电抗器L2后，为井下主变电所供电。

【9】由6～10kV母线送来的高压，再送入6～10kV子线中，再由子线对主水泵和低压设备供电。其中一路直接为主水泵进行供电，另一路作为备用电源。还有一路经变压器T4后，变为0.4kV（380V）低压，为低压动力设备进行供电。最后一路经高压断路器QF19和变压器T5后，变为0.69kV低压，为开采区低压负载设备进行供电。

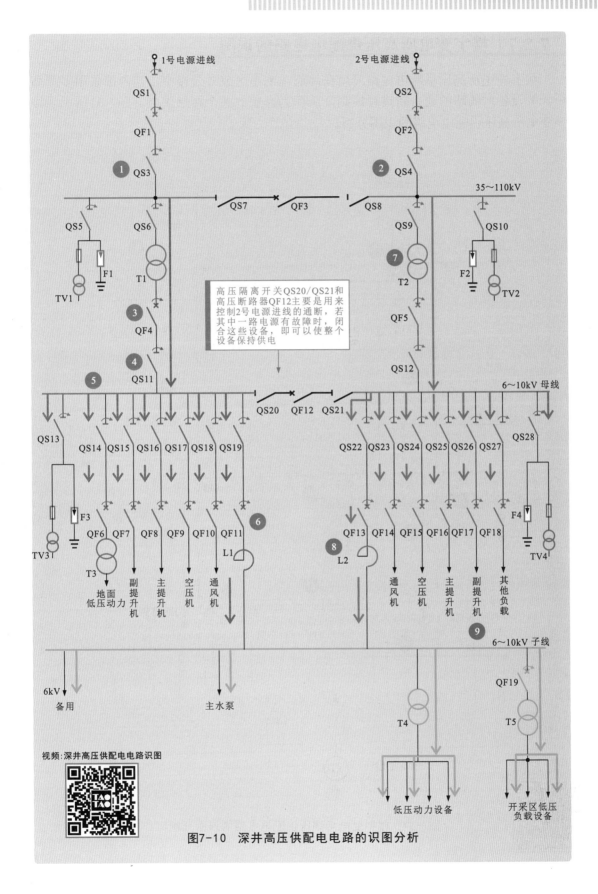

图7-10 深井高压供配电电路的识图分析

视频:深井高压供配电电路识图

## 7.2.7 | 楼宇变电所高压供配电电路的识图

楼宇变电所高压供配电电路应用在高层住宅小区或办公楼中，其内部采用多个高压开关设备对线路的通、断进行控制，从而为高层的各个楼层供电。图7-11所示为楼宇变电所高压供配电电路的识图分析。

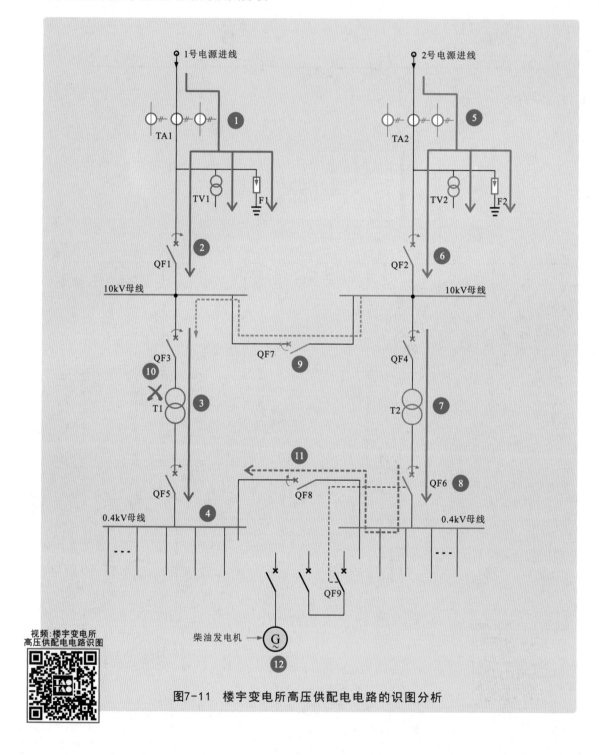

视频：楼宇变电所
高压供配电电路识图

图7-11 楼宇变电所高压供配电电路的识图分析

【1】10kV高压经电流互感器TA1送入，在进线处安装有电压互感器TV1和避雷器F1。

【2】合上高压断路器QF1和QF3，10kV高压经母线后送入电力变压器T1的输入端。

【3】电力变压器T1输出端输出0.4kV低压。

【4】合上低压断路器QF5后，0.4kV低压为用电设备进行供电。

【5】10kV高压经电流互感器TA2送入，在进线处安装有电压互感器TV2和避雷器F2。

【6】合上高压断路器QF2和QF4，10kV高压经母线后送入电力变压器T2的输入端。

【7】电力变压器T2输出端输出0.4kV低压。

【8】合上低压断路器QF6后，0.4kV低压为用电设备进行供电。

【9】若1号电源电路出现问题，可闭合QF7，由2号电源电路进行供电。

【10】当1号电源电路中的电力变压器T1出现故障后，1号电源电路停止工作。

【11】合上低压断路器QF8，由2号电源电路输出的0.4kV电压便会经QF8为1号电源电路中的负载设备供电，以维持其正常工作。

【12】在该电路中还设有柴油发电机G，在两路电源均出现故障后，则可启动柴油发电机，进行临时供电。

## 7.2.8 工厂35kV中心变电所供配电电路的识图

工厂35kV中心变电所供配电电路适用于高压电力的传输，可将35kV的高压电经变压器后变为10kV电压，再送往各个车间的10kV变电室中，为车间动力、照明及电气设备供电；再将10kV电压降到380/220V，送往办公室、食堂、宿舍等公共用电场所。图7-12所示为工厂35kV中心变电所供配电电路的识图分析。

【1】35kV经高压断路器QF1和高压隔离开关QS5后送入电力变压器T1的35kV输入端。

【2】电力变压器T1的输出端输出10kV的电压。

【3】由电力变压器T1输出的10kV电压经电流互感器TA3后，送入后级电路中。

【4】经高压隔离开关QS7、高压断路器QF3和电流互感器TA5后送入车间中。

【5】一车间供电电路经高压隔离开关QS8和高压断路器QF4后，送入一车间的10kV变电室中。

【6】10kV电压经电力变压器T3后，将电压变为380V的低压。再经低压隔离开关QS14、低压断路器QF10和电流互感器TA12后分为3路。

【7】一路经低压隔离开关QS15、低压断路器QF11和电流互感器TA13为办公室供电。

【8】另一路经低压隔离开关QS16、低压断路器QF12和电流互感器TA14为食堂供电。

【9】最后一路经低压隔离开关QS17、低压断路器QF13和电流互感器TA15为宿舍供电。

【10】A、B两条线路在正常运行时可作为独立的两条供电线路。当某一条线路发生故障时，可闭合QS，使其作为备用供电线路使用。

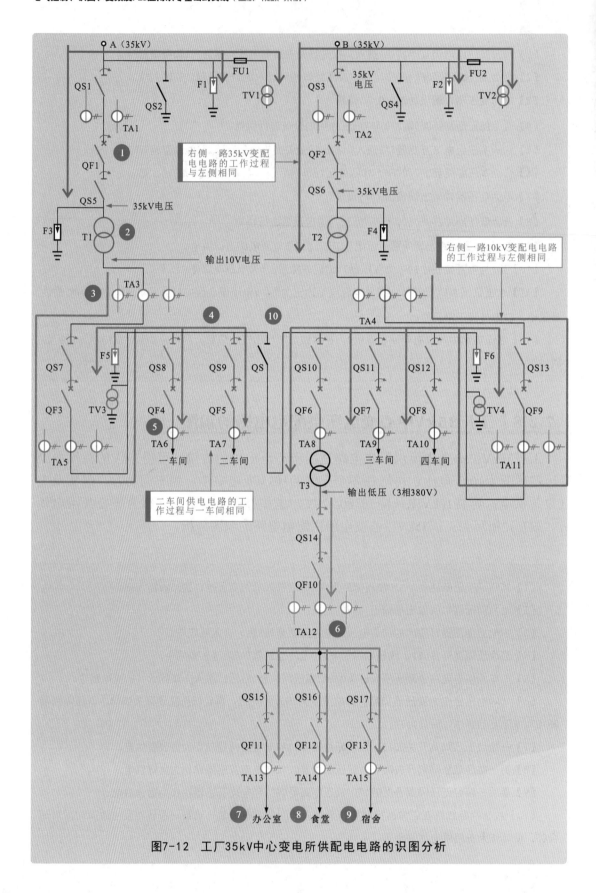

**图7-12 工厂35kV中心变电所供配电电路的识图分析**

# 第8章
# 灯控照明电路识图

## 8.1 灯控照明电路的特点

### 8.1.1 室内灯控照明电路的特点

图8-1所示为典型室内灯控照明电路的结构。室内灯控电路应用在室内自然光线不足的情况下，主要由控制开关和照明灯具等构成。

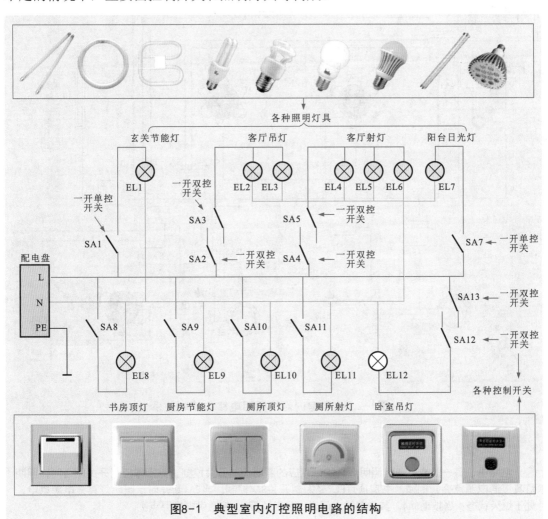

图8-1 典型室内灯控照明电路的结构

图8-2所示为典型室内灯控照明电路的控制关系。室内灯控照明电路主要由各种照明控制开关控制照明灯具的亮、灭；控制开关闭合或接通，照明灯点亮；控制开关断开，照明灯熄灭。

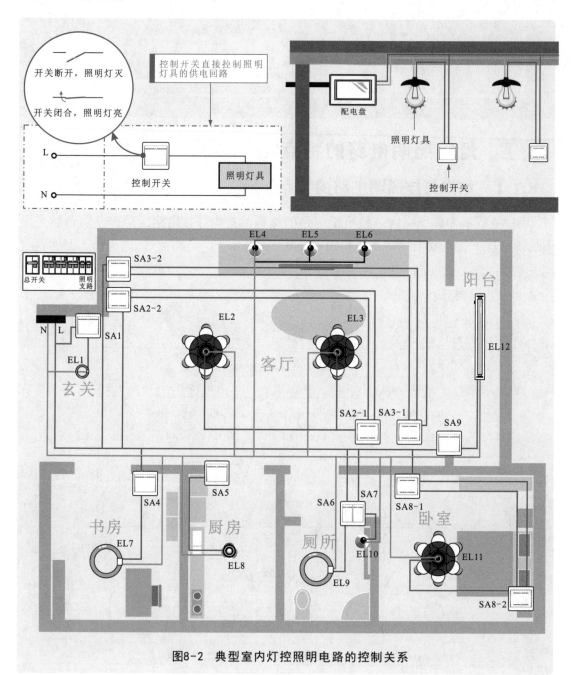

图8-2 典型室内灯控照明电路的控制关系

补充说明

电路中，每一盏或每一组照明灯具均由相应的照明控制开关控制。当操作控制开关闭合时，照明灯具接通电源点亮。例如，书房顶灯EL7受控制开关SA4控制，当SA4断开时，照明灯具无电源供电，处于熄灭状态；当按动SA4，其内部触点闭合，书房顶灯EL7接通供电电源点亮。

图8-3所示为触摸延时照明控制电路的结构组成。由图8-3可知，触摸延时照明控制电路主要由桥式整流堆VD1～VD4、触摸延时开关A、三极管V1/V2、单向晶闸管VT、电解电容器C、电阻器R1～R5、照明灯EL等构成。

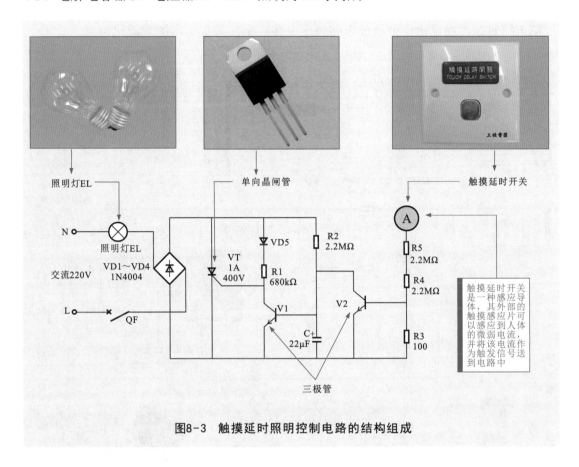

图8-3 触摸延时照明控制电路的结构组成

在使用触摸延时开关时，只需轻触一下触摸部件即可导通，且在延时一段时间后自动关闭，既方便操控，又节能环保，同时也可有效延长照明灯的使用寿命。

触摸延时开关实际上是一种触摸元件，触摸延时开关工作原理示意如图8-4所示。在电路中，触摸元件的引脚端经电阻器R接入照明控制电路。当用手碰触触摸元件时，人体感应信号相当于一个触发信号。

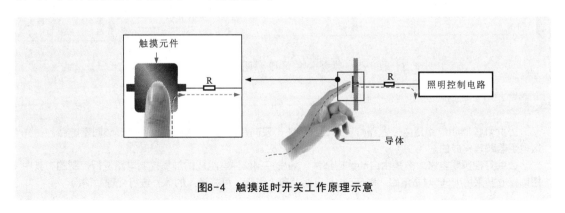

图8-4 触摸延时开关工作原理示意

## 8.1.2 公共灯控照明电路的特点

图8-5所示为典型公共灯控照明电路的结构。公共灯控照明电路一般应用在公共环境中，如室外景观、路灯、楼道照明等。这类照明控制线路的结构组成较室内照明控制电路复杂，通常由小型集成电路负责电路控制，具备一定的智能化特点。

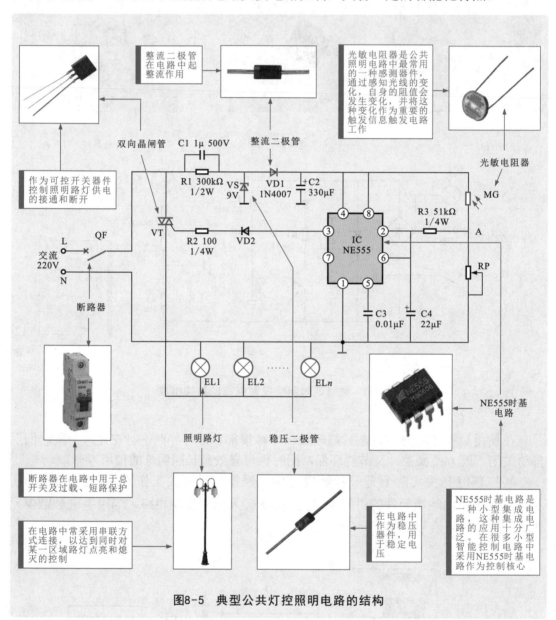

图8-5 典型公共灯控照明电路的结构

补充说明

公共灯控照明电路是由多盏路灯、总断路器QF、双向晶闸管VT、控制芯片（NE555时基电路）、光敏电阻器MG等构成的。

公共灯控照明电路大多是由自动感应部件、触发控制部件等组成的触发控制电路进行控制的。其中控制核心多采用NE555时基电路。NE555时基电路有多个引脚，可将送入的信号进行处理后输出。

图8-6所示为公共灯控照明电路的控制关系。公共照明电路中照明灯具的状态直接由控制电路板或控制开关控制。当控制电路板动作或控制开关闭合，照明灯具接入供电回路，点亮；当控制电路板无动作或控制开关断开，照明灯具与供电回路断开，熄灭。

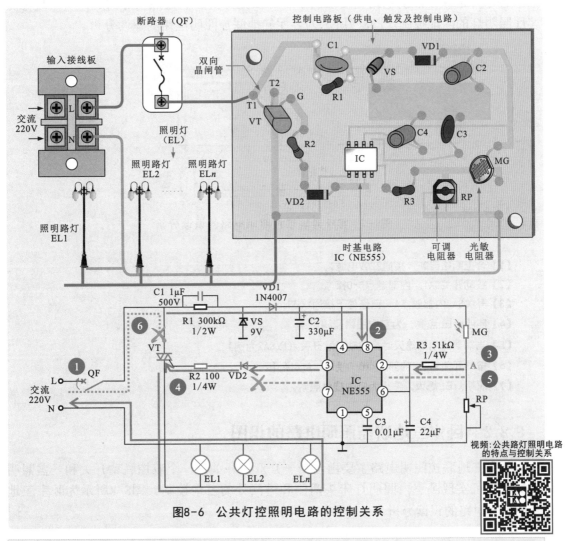

图8-6 公共灯控照明电路的控制关系

【1】合上供电线路中的断路器QF，接通交流220V电源。该电压经整流和滤波电路后，输出直流电压为电路时基集成电路IC（NE555）供电，进入准备工作状态。

【2】当夜晚来临时，光照强度逐渐减弱，光敏电阻器MG的阻值逐渐增大。其压降升高，分压点A点电压降低，加到时基集成电路IC的②、⑥脚的电压变为低电平。

【3】时基集成电路IC的②、⑥脚为低电平（低于$1/3V_{DD}$时），内部触发器翻转，其③脚输出高电平，二极管VD2导通，并触发晶闸管VT导通，照明路灯形成供电回路，照明路灯EL1～ELn同时点亮。

【4】当第二天黎明来临时，光照强度越来越高，光敏电阻器MG的阻值逐渐减小。光敏电阻器MG分压后，加到时基集成电路IC的②、⑥脚上的电压又逐渐升高。

【5】当IC的②脚电压上升至大于$2/3V_{DD}$、⑥脚电压也大于$2/3V_{DD}$时，IC内部触发器再次翻转，IC的③脚输出低电平，二极管VD2截止，晶闸管VT截止。

【6】晶闸管VT截止，照明路灯EL1～ELn供电回路被切断，所有照明路灯同时熄灭。

## 8.2 常用灯控照明电路的识图案例

### 8.2.1 客厅异地联控照明电路的识图

客厅异地联控照明电路主要由两个一开双控开关和一盏照明灯构成，可实现家庭客厅照明灯的两地控制。图8-7所示为客厅异地联控照明电路的识读分析。

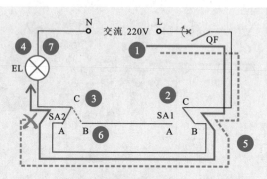

图8-7 客厅异地联控照明电路的识读分析

【1】合上断路器QF，接通220V电源。

【2】按动开关SA1，内部触点B-C接通。

【3】开关SA2内部触点A-C已经处于接通状态。

【4】照明灯EL点亮，为室内提供照明。

【5】当需要照明灯熄灭时，按动任意开关（以SA2为例）。

【6】按动开关SA2，内部触点B-C接通、A-C断开。

【7】照明灯EL熄灭，停止为室内提供照明。

### 8.2.2 卧室三地联控照明电路的识图

卧室三地联控照明电路主要由两个一开双控开关、一个双控联动开关和一盏照明灯构成，可实现卧室内照明灯床头两侧和进门处的三地控制。图8-8所示为卧室三地联控照明电路的识读分析。

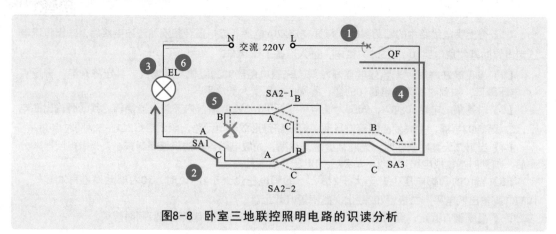

图8-8 卧室三地联控照明电路的识读分析

【1】合上断路器QF，接通220V电源。

【2】按动开关，以SA1为例，A-C触点接通。

【3】电源经SA3的A-B触点、SA2-2的A-B触点、SA1的A-C触点后与照明灯EL形成回路，照明灯点亮。

【4】当需要照明灯熄灭时，按动任意开关（以SA2为例）。

【5】按动双控联动开关SA2，内部SA2-1、SA2-2触点A-C接通、A-B断开。

【6】照明灯EL熄灭，停止为室内提供照明。

## 8.2.3 卫生间门控照明电路的识图

卫生间门控照明电路主要由各种电子元器件构成的控制电路和照明灯构成。该电路是一种自动控制照明灯工作的电路，在有人开门进入卫生间时，照明灯自动点亮；当有人走出卫生间时，照明灯自动熄灭。图8-9所示为卫生间门控照明电路的识读分析。

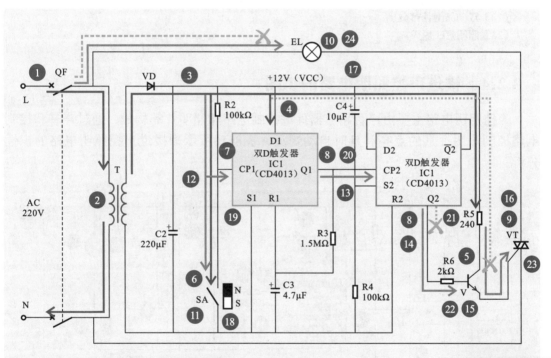

视频：卫生间门控照明电路识图

图8-9 卫生间门控照明电路的识读分析

【1】合上断路器QF，接通220V电源。

【2】交流220V电压经变压器T进行降压。

【3】降压后的交流电压经整流二极管VD整流和滤波电容器C2滤波后，变为12V左右的直流电压。

【3】→【4】+12V的直流电压为双D触发器IC1的D1端供电。

【3】→【5】+12V的直流电压为三极管V的集电极进行供电。

【6】门在关闭时，磁控开关SA处于闭合的状态。

【7】双D触发器IC1的CP1端为低电平。

【4】+【7】→【8】双D触发器IC1的Q1和Q2端输出低电平。

【9】三极管V和双向晶闸管VT均处于截止状态。

【10】照明灯EL不亮。

【11】当有人进入卫生间时，门被打开后又关闭，磁控开关SA断开后又接通。

【12】双D触发器IC1的CP1端产生一个高电平的触发信号。

【13】双D触发器IC1的Q1端输出高电平送入CP2端。

【14】双D触发器IC1内部受触发而翻转，Q2端输出高电平。

【15】三极管V导通为双向晶闸管VT门极提供启动信号。

【16】双向晶闸管VT导通。

【17】照明灯EL点亮。

【18】当有人走出卫生间时，门被打开后又关闭，磁控开关SA断开后又接通。

【19】双D触发器IC1的CP1端产生一个高电平的触发信号。

【20】双D触发器IC1的Q1端输出高电平送入CP2端。

【21】双D触发器IC1内部受触发而翻转，Q2端输出低电平。

【22】三极管V截止。

【23】双向晶闸管VT截止。

【24】照明灯EL熄灭。

## 8.2.4 | 楼道声控照明电路的识图

声控照明电路主要由声音感应器件、控制电路和照明灯等构成，通过声音和控制电路控制照明灯具的点亮和延时自动熄灭。图8-10所示为楼道声控照明电路的识读分析。

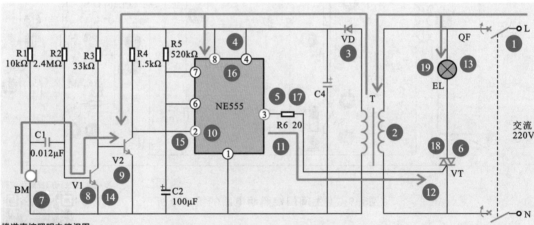

视频：楼道声控照明电路识图

图8-10　楼道声控照明电路的识读分析

【1】合上断路器QF，接通220V电源。

【2】交流220V电压经变压器T进行降压。

【3】低压交流电压经VD整流和C4滤波后变为直流电压。

【4】直流电压为NE555时基电路的⑧脚提供工作电压。

【5】无声音时，NE555时基电路的②脚为高电平、③脚输出低电平。

【6】双向晶闸管VT截止。

【7】有声音时传声器BM将声音信号转换为电信号。

【8】该信号送往V1，由V1对信号进行放大。

【9】放大信号再送往V2，输出放大后的音频信号。

【10】V2将音频信号加到NE555时基电路的②脚。

【11】NE555时基电路的③脚输出高电平。

【12】VT导通。

【13】照明灯EL点亮。

【14】声音停止后，晶体管V1和V2处于放大等待状态。

【15】由于电容器C2的充电过程，NE555时基电路的⑥脚电压逐渐升高。

【16】当电压升高到一定值后（8V以上，2/3供电电压），NE555时基电路内部复位。

【17】复位后，NE555时基电路的3脚输出低电平。

【18】双向晶闸管VT截止。

【19】照明灯EL熄灭。

## 8.2.5 光控路灯照明电路的识图

光控路灯照明电路主要由光敏电阻器及外围电子元器件构成的控制电路和路灯构成。该电路可自动控制路灯的工作状态。白天，光照较强，路灯不工作；夜晚降临或光照较弱时，路灯自动点亮。图8-11所示为光控路灯照明电路的识读分析。

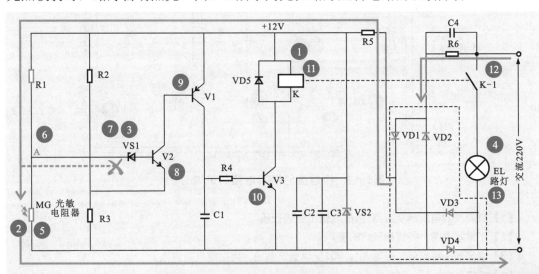

图8-11 光控路灯照明电路的识读分析

视频:光控路灯照明电路识图

【1】交流220V电压经桥式整流电路VD1～VD4整流、稳压二极管VS2稳压后，输出+12V直流电压。

【2】白天光敏电阻器MG受强光照射呈低阻状态。

【3】由光敏电阻器MG、电阻器R1形成分压电路，电阻器R1上的压降较高，分压点A点电压偏低。

【4】稳压二极管VS1无法导通，晶体管V2、V1、V3均截止，继电器K不吸合，路灯EL不亮。

【5】夜晚时光照强度减弱，光敏电阻器MG阻值增大。

【6】MG阻值增大，电阻器R1上的压降降低，分压点A点电压升高。

【7】稳压二极管VS1导通。

【8】晶体管V2导通。

【9】晶体管V1导通。

【10】晶体管V3导通。

【11】继电器K的线圈得电。

【12】常开触点K-1闭合。

【13】路灯EL点亮。

## 8.2.6 楼道应急照明电路的识图

楼道应急照明电路主要由应急灯和控制电路构成。该电路是指在市电断电时自动为应急照明灯供电的控制电路。当市电供电正常时，应急照明灯自动控制电路中的蓄电池充电；当市电停止供电时，蓄电池为应急照明灯供电，应急照明灯点亮，进行应急照明。图8-12所示为楼道应急照明电路的识读分析。

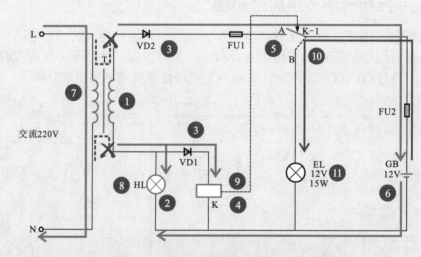

图8-12 楼道应急照明电路的识读分析

【1】交流220V电压经变压器T降压后输出交流低压。

【2】正常状态下，待机指示灯HL亮。

【3】交流低压经整流二极管VD1、VD2变为直流电压，为后级电路供电。

【4】继电器K的线圈得电。

【5】继电器的触点K-1与A点接通。

【6】蓄电池GB充电。

【7】当交流220V电源断开后，变压器T无感应电压。

【7】→【8】待机指示灯HL熄灭。

【7】→【9】继电器K的线圈失电。

【10】继电器的触点K-1与B点接通。

【11】蓄电池GB为应急照明灯EL供电，EL点亮。

## 8.2.7 | 景观照明电路的识图

景观照明电路是指应用在一些观赏景点或广告牌上，或者用在一些比较显著的位置上，设置用来观赏或提示功能的公共用电电路。图8-13所示为景观照明电路的识读分析。

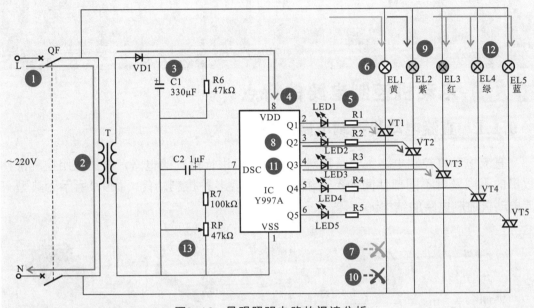

图8-13 景观照明电路的识读分析

【1】合上总断路器QF，接通交流220V市电电源。

【2】交流220V市电电压经变压器T变压后变为交流低压。

【3】交流低压再经整流二极管VD1整流、滤波电容器C1滤波后，变为直流电压。

【4】直流电压加到IC（Y997A）的⑧脚上为其提供工作电压。

【5】IC的⑧脚有供电电压后，内部电路开始工作。IC的②脚输出高电平脉冲信号，使LED1点亮。

【6】同时，高电平信号经电阻器R1后，加到双向晶闸管VT1的控制极上，VT1导通，彩色灯EL1（黄色）点亮。

【7】此时，IC的③脚、④脚、⑤脚、⑥脚输出低电平脉冲信号，外接的晶闸管处于截止状态，LED2～LED5和彩色灯EL2～EL5不亮。

【8】一段时间后，IC的③脚输出高电平脉冲信号，LED2点亮。

【9】同时高电平信号经电阻器R2后，加到双向晶闸管VT2的控制极上，VT2导通，彩色灯EL2（紫色）点亮。

【10】此时，IC的②脚和③脚输出高电平脉冲信号，LED1～LED2和彩色灯EL1～EL2被点亮，而④脚、⑤脚和⑥脚输出低电平脉冲信号，外接晶闸管处于截止状态，LED3～LED5和彩色灯EL3～EL5不亮。

【11】以此类推，当IC的输出端②～⑥脚输出高电平脉冲信号时，LED1～LED5和彩色灯EL1～EL5便会被点亮。

【12】由于②～⑥脚输出脉冲的间隔和持续时间不同，双向晶闸管触发的时间也不同，因而5个彩灯便会按驱动脉冲的规律发光和熄灭。

【13】IC内的振荡频率取决于7脚外的时间常数电路，微调RP的阻值可改变其振荡频率。

# 第9章

# 电动机控制电路识图

## 9.1 电动机控制电路的特点

### 9.1.1 直流电动机控制电路的特点

　　直流电动机控制电路主要是指对直流电动机进行控制的电路，根据选用控制部件数量的不同及对不同部件间的不同组合，可实现多种控制功能。图9-1所示为典型直流电动机控制电路的结构。

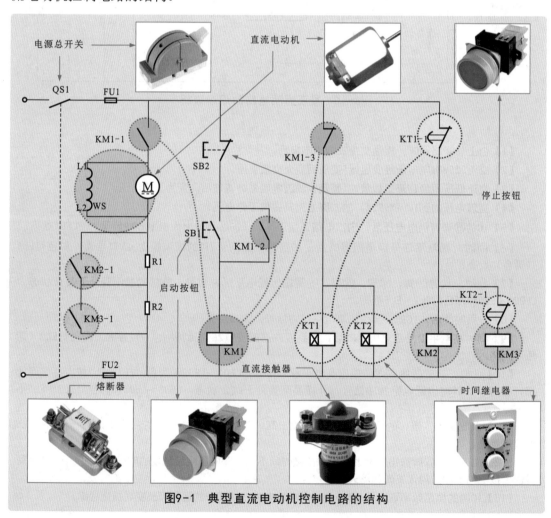

图9-1　典型直流电动机控制电路的结构

该电路主要由启动按钮SB1，停止按钮SB2，直流接触器KM1、KM2、KM3，时间继电器KT1、KT2，启动电阻器R1、R2等构成，通过启停按钮开关控制直流接触器触点的闭合与断开，通过触点的闭合与断开来改变串接在电枢回路中启动电阻器的数量，用于控制直流电动机的转速。从而实现对直流电动机工作状态的控制。

## 9.1.2 单相交流电动机控制电路的特点

单相交流电动机控制电路可实现启动、运转、变速、制动、反转和停机等多种控制功能。图9-2所示为典型单相交流电动机控制电路的结构。

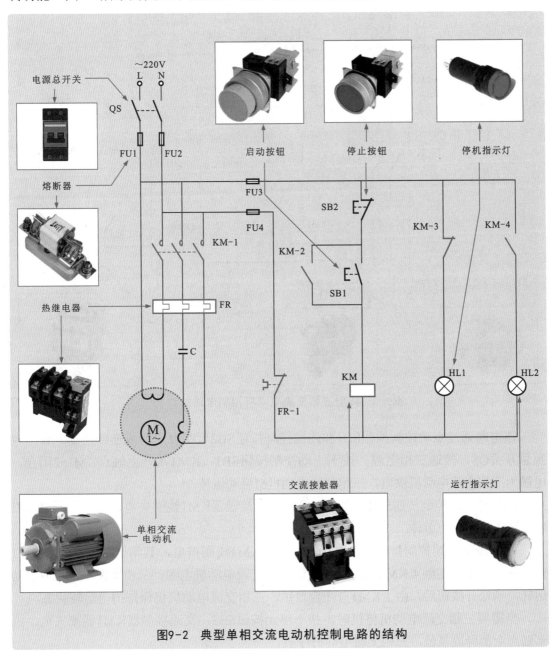

图9-2 典型单相交流电动机控制电路的结构

## 9.1.3 | 三相交流电动机控制电路的特点

　　三相交流电动机控制电路可控制电动机实现启动、运转、变速、制动、反转和停机等功能。图9-3所示为典型三相交流电动机控制电路的结构。

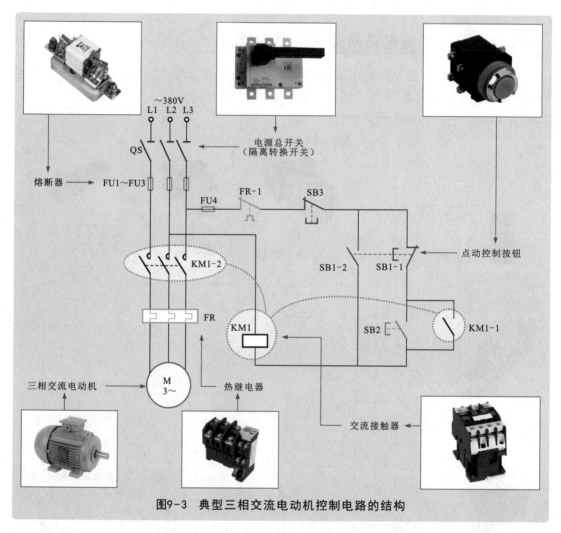

图9-3　典型三相交流电动机控制电路的结构

　　该电路通过点动控制按钮SB1和连续控制按钮SB2可实现点动或连续控制。合上电源总开关QS，接通三相电源。按下点动控制按钮SB1，KM1常开主触点KM1-2闭合，电源为三相交流电动机供电，三相交流电动机M启动运转。

　　当松开点动控制按钮SB1，触点复位，交流接触器KM1线圈失电，三相交流电动机M电源断开，停止运转。

　　而当按下连续控制按钮SB2，交流接触器KM1线圈得电，其常开辅助触点KM1-1闭合自锁；常开主触点KM1-2闭合。接通三相交流电动机电源，三相交流电动机M启动运转。当松开按钮后，由于KM1-1闭合自锁，三相交流电动机仍保持得电运转状态。

　　当需要三相交流电动机停机时，按下停止按钮SB3，交流接触器KM1线圈失电，内部触点全部释放复位，三相交流电动机停机。

## 9.2 　常用直流电动机控制电路的识图案例

### 9.2.1 　光控直流电动机驱动及控制电路的识图

　　光控直流电动机驱动及控制电路是由光敏晶体管控制的直流电动机电路，通过光照的变化可以控制直流电动机的启动、停止等状态。图9-4所示为光控直流电动机驱动及控制电路的识读分析。

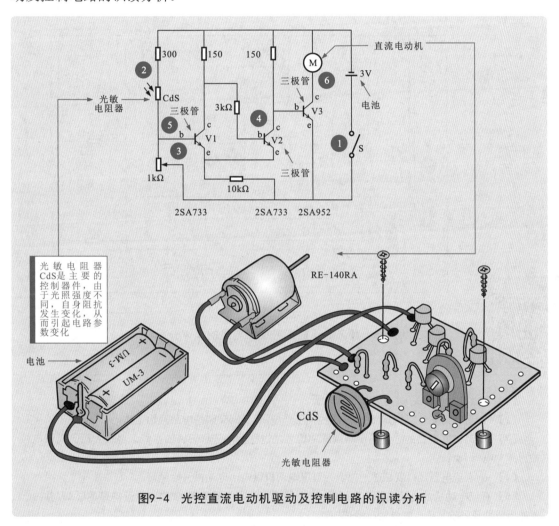

图9-4　光控直流电动机驱动及控制电路的识读分析

---

　　【1】闭合开关S，在该电路中，3V直流电压为电路和直流电动机进行供电。

　　【2】光敏电阻器接在控制三极管V1的基极电路中。

　　【3】当光照强度较高时，光敏电阻器阻值较小，分压点（三极管V1基极）电压升高。

　　【4】当三极管V1基极电压与集电极偏压满足导通条件时，V1导通。触发信号经V2、V3放大后驱动直流电动机启动运转。

　　【5】当光照强度较低时，光敏电阻器阻值较大，分压点电压较小，三极管V1基极电压不足以驱动其导通。

　　【6】三极管V1截止，三极管V2、V3截止，直流电动机M的供电电路断开，电动机停止运转。

## 9.2.2 直流电动机调速控制电路的识图

直流电动机调速控制电路是一种可在负载不变的情况下控制直流电动机的旋转速度的电路。图9-5所示为直流电动机调速控制电路的识读分析。

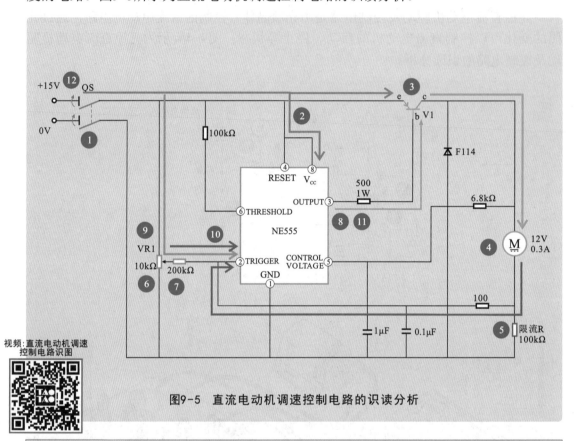

视频：直流电动机调速
控制电路识图

图9-5 直流电动机调速控制电路的识读分析

【1】合上电源总开关QS，接直流15V电源。

【2】15V直流为NE555时基电路的⑧脚提供工作电源，NE555时基电路开始工作。

【3】NE555时基电路的③脚输出驱动脉冲信号，送往驱动三极管V1的基极，经放大后，其集电极输出脉冲电压。

【4】15V直流电压经V1变成脉冲电流为直流电动机供电，电动机开始运转。

【5】直流电动机的电流在限流电阻R上产生压降，经电阻器反馈到NE555时基电路的②脚，并由③脚输出脉冲信号的宽度，对电动机稳速控制。

【6】将速度调整电阻器VR1的阻值调至最下端。

【7】15V直流电压经过VR1和200kΩ电阻器串联电路后送入NE555时基电路的②脚。

【8】NE555时基电路的③脚输出的脉冲信号宽度最小，直流电动机转速达到最低。

【9】将速度调整电阻器VR1的阻值调至最上端。

【10】15V直流电压则只经过200kΩ的电阻器后送入NE555时基电路的②脚。

【11】NE555时基电路的③脚输出的脉冲信号宽度最大，直流电动机转速达到最高。

【12】若需要直流电动机停机时，只需断开电源总开关QS即可切断控制电路和直流电动机的供电回路，直流电动机停转。

## 9.2.3 │ 直流电动机能耗制动控制电路的识图

　　直流电动机能耗制动控制电路由直流电动机和能耗制动控制电路构成。该电路主要是维持直流电动机的励磁不变，把正在接通电源并具有较高转速的直流电动机电枢绕组从电源上断开，使直流电动机变为发电机，并与外加电阻器连接为闭合回路，利用此电路中产生的电流及制动转矩使直流电动机快速停车。在制动过程中，将系统的动能转化为电能并以热能的形式消耗在电枢电路的电阻器上。图9-6所示为直流电动机能耗制动控制电路的识读分析。

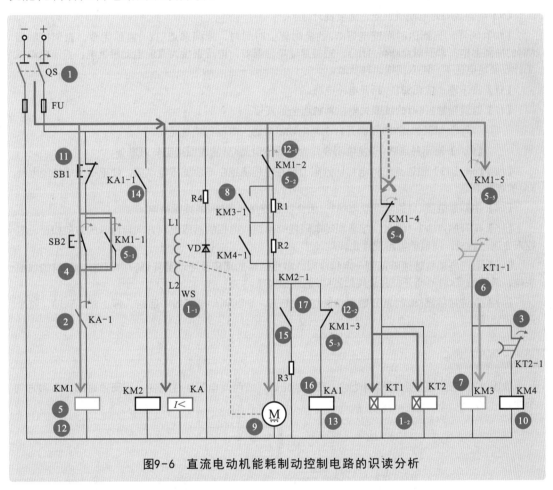

图9-6　直流电动机能耗制动控制电路的识读分析

【1】合上电源总开关QS，接通直流电源。

　　【1-1】励磁绕组WS和欠电流继电器KA的线圈得电。

　　【1-2】时间继电器KT1、KT2的线圈得电。

【1-1】→【2】常开触点KA-1闭合，为直流接触器KM1的线圈得电做好准备。

【1-2】→【3】常闭触点KT1-1、KT2-1瞬间断开，防止KM3、KM4的线圈得电。

【4】按下启动按钮SB2，接通电路电源。

【5】直流接触器KM1的线圈得电，相应触点动作。

　　【5-1】常开触点KM1-1闭合，实现自锁功能。

【5-2】常开触点KM1-2闭合，电源经电阻R1、R2为电动机供电，电动机低速启动运转。

【5-3】常闭触点KM1-3断开，防止中间继电器KA1的线圈得电。

【5-4】常闭触点KM1-4断开，时间继电器KT1、KT2的线圈均失电，进入延时复位闭合计时状态。

【5-5】常开触点KM1-5闭合，为直流接触器KM3、KM4的线圈得电做好准备。

【6】时间继电器KT1、KT2的线圈失电后，经一段时间后，常闭触点KT1-1先复位闭合。

【7】时间继电器KT1的常闭触点KT1-1闭合后，直流接触器KM3的线圈得电。

【8】常开触点KM3-1闭合，短接启动电阻器R1。

【9】电源经R2为电动机供电，速度提升。

【10】同样，当到达时间继电器KT2的延时复位时间时，常闭触点KT2-1复位闭合。直流接触器KM4的线圈得电，常开触点KM4-1闭合，短接启动电阻器R2。电压直接为直流电动机供电，直流电动机工作在额定电压下，进入正常运转状态。

【11】按下停止按钮SB1，断开电路电源。

【12】直流接触器KM1的线圈失电，其触点全部复位。

【12-1】常开触点KM1-2断开，切断电动机电源，电动机惯性运转。

【12-2】常闭触点KM1-3复位闭合，为中间继电器KA1的线圈得电做好准备。

【12-2】→【13】惯性运转的电枢切割磁力线在电枢绕组中产生感应电动势，使电枢两端的继电器KA1的线圈得电。

【14】中间继电器KA1的常开触点KA1-1闭合，直流接触器KM2的线圈得电。

【15】常开触点KM2-1闭合，接通制动电阻器R3回路，电枢的感应电流方向与原来的方向相反，电枢产生制动转矩，使电动机迅速停止转动。

【16】直流电动机转速降低到一定程度时，电枢绕组的感应反电动势降低，中间继电器KA1的线圈失电，常开触点KA1-1断开，直流接触器KM2的线圈失电。

【17】直流接触器KM2的常开触点KM2-1复位断开，切断制动电阻器R3回路，停止能耗制动，整个系统停止工作。

---

### 补充说明

如图9-7所示，直流电动机制动时，励磁绕组L1、L2两端电压极性不变，因而励磁的大小和方向不变。

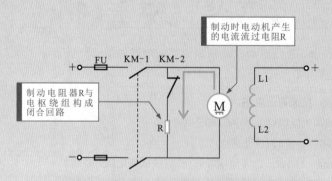

图9-7　直流电动机能耗制动原理

由于直流电动机存在惯性，仍会按照原来的方向继续旋转，所以电枢反电动势的方向也不变，并且成为电枢回路的电源，这就使得制动电流的方向同原来供电的方向相反，电磁转矩的方向也随之改变，成为制动转矩，从而促使直流电动机迅速减速直至停止。

## 9.3 常用单相交流电动机控制电路的识图案例

### 9.3.1 单相交流电动机正/反转驱动电路的识图

单相交流异步电动机的正/反转驱动电路中辅助绕组通过启动电容与电源供电相连，主绕组通过正反向开关与电源供电线相连，开关可调换接头来实现正反转控制。图9-8所示为单相交流异步电动机正/反转驱动电路的识读分析。

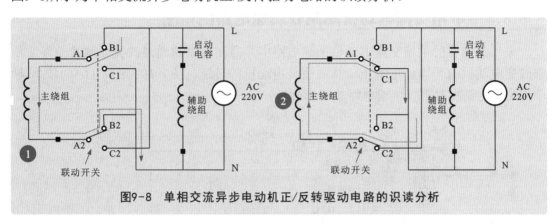

图9-8 单相交流异步电动机正/反转驱动电路的识读分析

【1】当联动开关触点A1-B1、A2-B2接通时，主绕组的上端接交流220V电源的L端，下端接N端，电动机正向运转。

【2】当联动开关触点A1-C1、A2-C2接通时，主绕组的上端接交流220V电源的N端，下端接L端，电动机反向运转。

### 9.3.2 可逆单相交流电动机驱动电路的识图

可逆单相交流电动机的驱动电路中，电动机内设有两个绕组（主绕组和辅助绕组），单相交流电源加到两绕组的公共端，绕组另一端接一个启动电容。正反向旋转切换开关接到电源与绕组之间，通过切换两个绕组实现转向控制，这种情况电动机的两个绕组参数相同。用互换主绕组的方式进行转向切换。图9-9所示为可逆单相交流电动机驱动电路的识读分析。

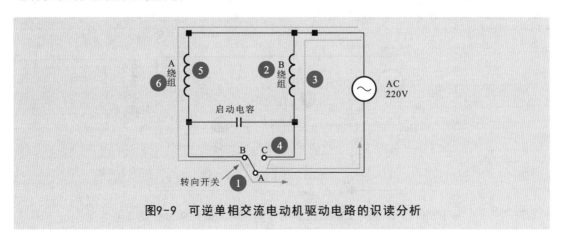

图9-9 可逆单相交流电动机驱动电路的识读分析

【1】当转向开关AB接通时，交流电源的供电端加到A绕组。

【2】经启动电容后，为B绕组供电。

【3】电动机正向启动、运转。

【4】当转向开关AC接通时，交流电源的供电端加到B绕组。

【5】经启动电容后，为A绕组供电。

【6】电动机反向启动、运转。

### 9.3.3 | 单相交流电动机晶闸管调速电路的识图

采用晶闸管的单相交流电动机调速电路中，晶闸管调速通过改变晶闸管的导通角来改变电动机的平均供电电压，从而调节电动机的转速。图9-10和图9-11所示为两种单相交流电动机晶闸管调速电路的识读分析。

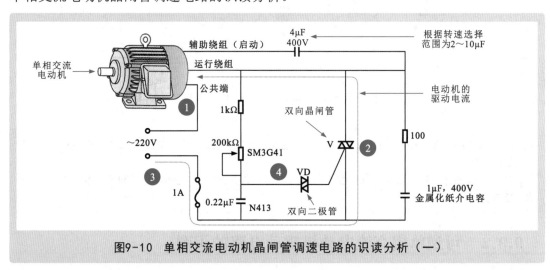

图9-10 单相交流电动机晶闸管调速电路的识读分析（一）

【1】单相交流220V电压为供电电源，一端加到单相交流电动机绕组的公共端。

【2】运行端经双向晶闸管V接到交流220V的另一端，同时经4μF的启动电容器接到辅助绕组的端子上。

【3】电动机的主通道中只有双向晶闸管V导通时，电源才能加到两绕组上，电动机才能旋转。

【4】双向晶闸管V受VD的控制，在半个交流周期内VD输出脉冲，V受到触发便可导通，改变VD的触发角（相位）就可对速度进行控制。

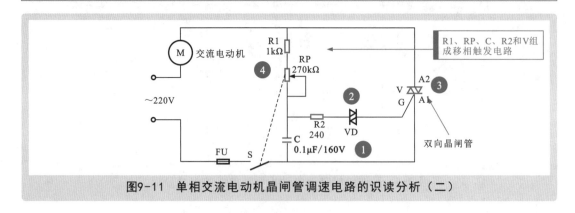

图9-11 单相交流电动机晶闸管调速电路的识读分析（二）

【1】220V交流电源经电阻器R1、可调电阻器RP向电容C充电,电容C两端电压上升。

【2】当电容C两端电压升高到大于双向触发二极管VD的阻断值时,双向触发二极管VD和双向晶闸管V才相继导通。

【3】双向晶闸管V在交流电压零点时截止,待下一个周期重复动作。

【4】双向晶闸管V的触发角由RP、R1、C的阻值或容量的乘积决定,调节电阻器RP便可改变双向晶闸管V的触发角,从而改变电动机电流的大小,即改变电动机两端电压,起到调速的作用。

## 9.3.4 | 单相交流电动机电感器调速电路的识图

采用串联电抗器的调速电路,将电动机主、副绕组并联后再串入具有抽头的电抗器。当转速开关处于不同的位置时,电抗器的电压降不同,使电动机端电压改变而实现有级调速。图9-12所示为单相交流电动机电感器调速电路的识读分析。

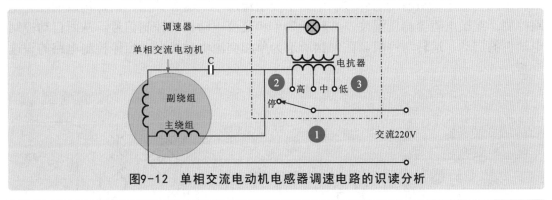

图9-12 单相交流电动机电感器调速电路的识读分析

【1】当转速开关处于不同的位置时,电抗器的电压降不同,送入单相交流电动机的驱动电压大小不同。

【2】当调速开关接高速挡时,电动机绕组直接与电源相连,阻抗最小,单相交流电动机全压运行转速最高。

【3】将调速开关接中、低挡时,电动机串联不同的电抗器,总电抗就会增加,从而使转速降低。

## 9.3.5 | 单相交流电动机热敏电阻调速电路的识图

采用热敏电阻(PTC元件)的单相交流电动机调速电路中,由热敏电阻感知温度变化,从而引起自身阻抗变化,并以此来控制所关联电路中单相交流电动机驱动电流的大小,实现调速控制。图9-13所示为单相交流电动机热敏电阻调速电路的识读分析。

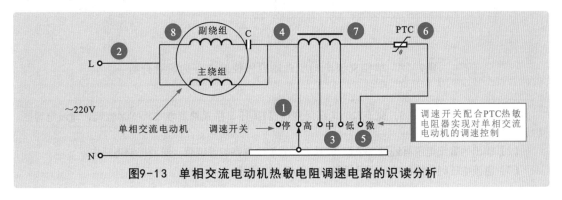

图9-13 单相交流电动机热敏电阻调速电路的识读分析

【1】当需要单相交流电动机高速运转时，将调速开关置于"高"挡。

【2】交流220V电压全压加到电动机绕组上，电动机高速运转。

【3】当需要单相交流电动机中/低速运转时，将调速开关置于"中/低"挡。

【4】交流220V电压部分或全部串电感线圈后加到电动机绕组上，电动机中/低速运转。

【5】将调速开关置于"微"挡。220V电压串接PTC和电感线圈后加到电动机绕组上。

【6】在常温状态下，PTC阻值很小，电动机容易启动。

【7】启动后电流通过PTC元件，电流热效应使其温度迅速升高。

【8】PTC阻值增加，送至电动机绕组中的电压降增加，电动机进入微速挡运行状态。

## 9.3.6 单相交流电动机自动启停控制电路的识图

单相交流电动机自动启停控制电路主要由湿敏电阻器和外围元器件构成的控制电路控制。湿敏电阻器测量湿度，并转换为单相交流电动机的控制信号，从而自动控制电动机的启动、运转与停机。图9-14所示为单相交流电动机自动启停控制电路的识读分析。

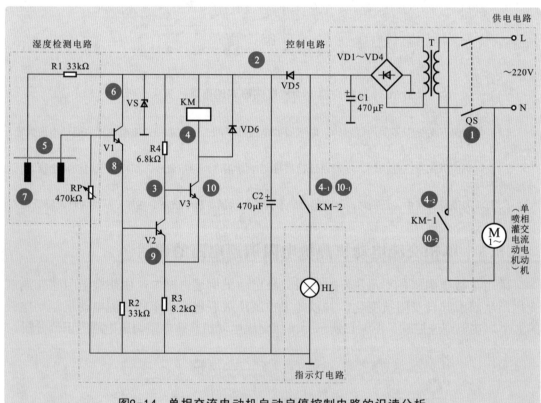

图9-14 单相交流电动机自动启停控制电路的识读分析

【1】合上电源总开关QS，交流220V电压经变压器T降压、桥式整流堆VD1~VD4整流、滤波电容器C1滤波后，输出直流电压。

【2】输出的直流电压再经过二极管VD5整流、滤波电容器C2滤波后，送到控制电路中。

【3】直流电压经电阻器R4送到三极管V3的基极，V3导通。

【4】直流电压送至交流接触器KM的线圈，交流接触器KM的线圈得电。

　　【4-1】常开辅助触点KM-2闭合，喷灌指示灯HL点亮。

　　【4-2】常开主触点KM-1闭合，单相交流电动机接通单相电源启动运转，开始喷灌作业。

【5】当土壤湿度较小时，土壤湿度传感器两电极间阻抗较大，电流无法流过。

【6】三极管V1基极为低电平，三极管V1截止。三极管V2基极为低电平，三极管V2截止。

【7】当土壤湿度较大时，土壤湿度传感器两电极间阻抗较小，电流可流过。

【8】三极管V1的基极为高电平，V1导通。

【9】三极管V2的基极为高电平，V2导通。

【10】三极管V3的基极为低电平，V3截止。交流接触器KM的线圈失电。

　　【10-1】常开辅助触点KM-2复位断开，切断喷灌指示灯HL的供电电源，HL熄灭。

　　【10-2】常开主触点KM-1复位断开，切断喷灌电动机的供电电源，电动机停止运转。

# 9.4 常用三相交流电动机控制电路的识图案例

## 9.4.1 具有自锁功能的三相交流电动机正转控制电路的识图

　　如图9-15所示，具有自锁功能的三相交流电动机控制电路中，由交流接触器的常开触点实现对三相交流电动机启动按钮的自锁，实现松开按钮后，仍保持线路接通的功能，进而实现对三相交流电动机的连续控制。

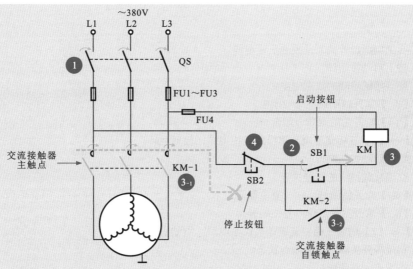

图9-15 具有自锁功能的三相交流电动机控制电路的识读分析

【1】合上电源总开关QS，接入交流供电。

【2】按下启动按钮SB1。

【3】电源为交流接触器KM供电，KM的线圈得电。

　　【3-1】KM的主触点KM-1闭合，为三相电动机供电，电动机启动运转。

　　【3-2】KM的辅助触点KM-2闭合，短路启动按钮SB1，为交流接触器供电实现自锁，即使松开启动按钮，也能维持给KM的线圈供电，保持触点的吸合状态。

【4】按下停止按钮SB2，断开交流接触器电源，主触点KM-1复位断开，电动机停转。

## 9.4.2 | 由旋转开关控制的三相交流电动机点动/连续控制电路的识图

图9-16所示为由旋转开关控制的三相交流电动机点动/连续控制电路的识读分析。

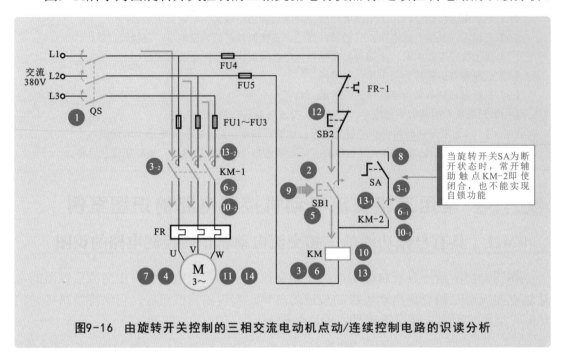

图9-16 由旋转开关控制的三相交流电动机点动/连续控制电路的识读分析

【1】合上电源总开关QS，接通三相电源。

【2】按下启动按钮SB1。

【3】交流接触器KM的线圈得电。

　　【3-1】常开辅助触点KM-2闭合。

　　【3-2】常开主触点KM-1闭合。

【3-2】→【4】三相交流电动机接通三相电源，启动运转。

【5】松开启动按钮SB1。

【6】交流接触器KM的线圈失电。

　　【6-1】常开辅助触点KM-2复位断开。

　　【6-2】常开主触点KM-1复位断开。

【6-2】→【7】切断三相交流电动机供电电源，电动机停止运转。

【8】将旋转开关SA调整为闭合状态。

【9】按下启动按钮SB1。

【10】交流接触器KM的线圈得电。

　　【10-1】常开辅助触点KM-2闭合，实现自锁功能。

　　【10-2】常开主触点KM-1闭合。

【10-2】→【11】三相交流电动机接通三相电源，启动并进入连续运转状态。

【12】需要三相交流电动机停机时，按下停止按钮SB2。

【13】交流接触器KM的线圈失电。

　　【13-1】常开辅助触点KM-2复位断开。

　　【13-2】常开主触点KM-1复位断开。

【13-2】→【14】切断三相交流电动机供电电源，电动机停止运转。

### 9.4.3 | 按钮互锁的三相交流电动机正/反转控制电路的识图

图9-17所示为按钮互锁的三相交流电动机正/反转控制电路的识读分析。

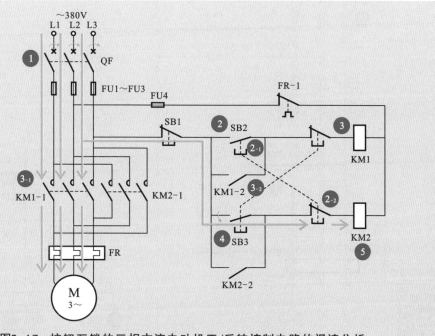

图9-17 按钮互锁的三相交流电动机正/反转控制电路的识读分析

【1】闭合总断路器QF，为电路工作做好供电准备。

【2】按下正转启动按钮SB2，其触点动作。

　　【2-1】常开触点闭合。

　　【2-2】常闭触点断开。

【2-1】→【3】交流接触器KM1的线圈得电。

　　【3-1】常开主触点KM1-1闭合，电动机正向启动运转。

　　【3-2】常开辅助触点KM1-2闭合自锁，即使松开SB1，也能保持交流接触器KM1的线圈通电。

【4】当电动机正向运转，在按下反转按钮SB3时，首先是使接在正转控制电路中的SB3的常闭触点断开，于是，正转交流接触器KM1的线圈断电释放，触点全部复原，电动机断电但做惯性运转。

【5】与此同时，SB3的常开触点闭合，使反转交流接触器KM2的线圈获电动作，电动机立即反转启动。

### 9.4.4 | 三相交流电动机串电阻降压启动控制电路的识图

　　三相交流电动机串电阻降压启动控制电路主要由降压电阻器、按钮开关、接触器、时间继电器等控制部件与三相交流电动机等构成。该电路是指在三相交流电动机定子电路中串入电阻器，启动时利用串入的电阻器起到降压、限流的作用，当三相交流电动机启动完毕，再通过电路将串联的电阻短接，从而使三相交流电动机进入全压正常运行状态。图9-18所示为三相交流电动机串电阻降压启动控制电路的识读分析。

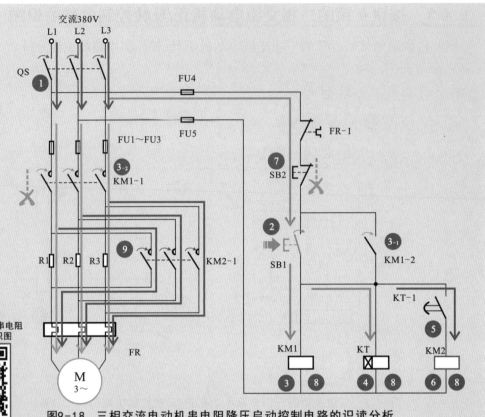

视频：三相交流电动机串电阻降压启动控制电路识图

图9-18 三相交流电动机串电阻降压启动控制电路的识读分析

【1】合上电源总开关QS，接通三相电源。

【2】按下启动按钮SB1，常开触点闭合。

【2】→【3】交流接触器KM1的线圈得电。

　　【3-1】常开辅助触点KM1-2闭合，实现自锁功能。

　　【3-2】常开主触点KM1-1闭合，电源经电阻器R1、R2、R3为三相交流电动机M供电，三相交流电动机降压启动。

【2】→【4】时间继电器KT的线圈得电。

【4】→【5】当时间继电器KT达到预定的延时时间后，常开触点KT-1延时闭合。

【5】→【6】交流接触器KM2的线圈得电，常开主触点KM2-1闭合，短接电阻器R1、R2、R3，三相交流电动机在全压状态下运行。

【7】当需要三相交流电动机停机时，按下停止按钮SB2。

【8】交流接触器KM1、KM2和时间继电器KT的线圈均失电，触点全部复位。

【9】主触点KM1-1、KM2-1复位断开，切断三相电动机供电电源，电动机停止运转。

**补充说明**

　　电路中采用时间继电器作为电动机从降压启动到全压运行自动切换的控制部件。时间继电器是一种延时或周期性定时接通、切断某些控制电路的继电器。

　　在电动机控制电路中，电路的具体控制功能不同，所选用时间继电器的类型也不同，主要体现在其线圈和触点的延时状态方面。例如，有些时间继电器的常开触点闭合时延时但断开时立即动作；有些时间继电器的常开触点闭合时立即动作、断开时延时动作。

## 9.4.5 | 三相交流电动机Y-△降压启动控制电路的识图

　　电动机Y-△降压启动控制电路是指三相交流电动机启动时，先由电路控制三相交流电动机定子绕组连接成Y形进入降压启动状态，待转速达到一定值后，再由电路控制三相交流电动机定子绕组换接成△形，进入全压运行状态。图9-19所示为电动机Y-△降压启动控制电路的识读分析。

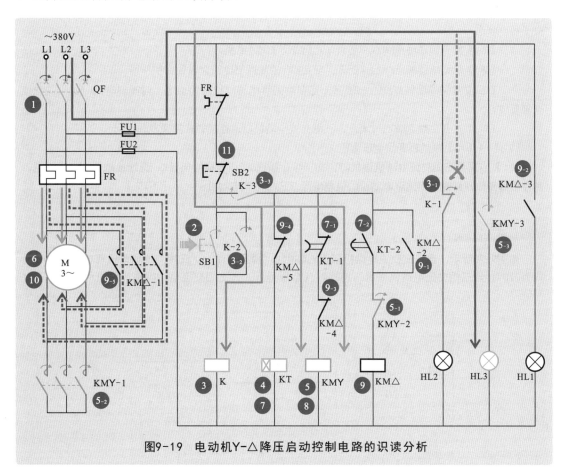

图9-19　电动机Y-△降压启动控制电路的识读分析

【1】合上总断路器QF，接通三相电源，停机指示灯HL2点亮。

【2】按下启动按钮SB1，其触点闭合。

【3】电磁继电器K的线圈得电，相应的触点动作。

　　【3-1】常闭触点K-1断开，停机指示灯HL2熄灭。

　　【3-2】常开触点K-2闭合自锁。

　　【3-3】常开触点K-3闭合，接通控制电路的供电电源。

【3-3】→【4】时间继电器KT的线圈得电，开始计时。

【3-3】→【5】交流接触器KMY的线圈得电。

　　【5-1】常闭辅助触点KMY-2断开，防止交流接触器KM△的线圈得电，起联锁保护作用。

　　【5-2】常开主触点KMY-1闭合，三相交流电动机以Y连接方式接通电源。

　　【5-3】常开辅助触点KMY-3闭合，启动指示灯HL3点亮。

【5-2】→【6】电动机开始以降压启动方式运转。

【7】时间继电器KT到达预定时间。

　　【7-1】KT常闭触点KT-1延时断开。

　　【7-2】KT常开触点KT-2延时闭合。

【7-1】→【8】断开交流接触器KMY的供电，KMY触点全部复位。

【7-2】→【9】交流接触器KM△的线圈得电，对应的触点动作。

　　【9-1】常开辅助触点KM△-2闭合自锁，即可实现触点KT-2断开后，使交流接触器KM△的线圈处于得电状态。

　　【9-2】常开辅助触点KM△-3闭合，运行指示灯HL1点亮。

　　【9-3】常闭辅助触点KM△-4断开，防止KMY的线圈得电，起联锁保护作用。

　　【9-4】常闭辅助触点KM△-5断开，切断时间继电器KT线圈的供电，时间继电器KT的相关触点全部复位。

　　【9-5】常开主触点KM△-1闭合，三相交流电动机以△连接方式接通电源。

【9-5】→【10】电动机开始全压运行。

【11】当需要三相交流电动机停机时，按下停止按钮SB2，电磁继电器K、交流接触器KM△等失电，触点全部复位，切断三相交流电动机的供电电源，三相交流电动机便会停止运转。

**补充说明**

　　如图9-20所示，当三相交流电动机采用Y连接时（降压启动），三相交流电动机每相承受的电压均为220V；当三相交流电动机采用△连接时（全压运行），三相交流电动机每相绕组承受的电压为380V。

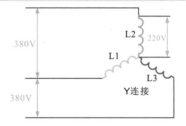

图9-20　三相交流电动机绕组的接线方式

## 9.4.6 三相交流电动机反接制动控制电路的识图

　　电动机反接制动控制电路是指电动机在制动时，电路会改变电动机定子绕组的电源相序，使之有反转趋势而产生较大的制动力矩，从而迅速地使电动机的转速降低，最后通过速度继电器来自动切断制动电源，确保电动机不会反转。图9-21所示为三相交流电动机反接制动控制电路的识读分析。

**补充说明**

　　当电动机在反接制动力矩的作用下转速急速下降到零后，若反接电源不及时断开，电动机将从零开始反向运转，电路的目标是制动，因此电路必须具备及时切断反接电源的功能。

　　这种制动方式具有电路简单、成本低、调整方便等优点，缺点是制动能耗较大、冲击较大。对4kW以下的电动机制动可不用反接制动电阻。

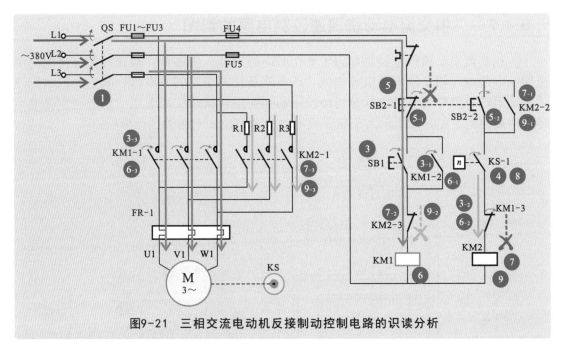

图9-21 三相交流电动机反接制动控制电路的识读分析

【1】合上电源总开关QS，接通三相交流电源。

【2】按下启动按钮SB1。

【2】→【3】交流接触器KM1的线圈得电。

　　【3-1】常开辅助触点KM1-2接通，实现自锁功能。

　　【3-2】常闭辅助触点KM1-3断开，防止接触器KM2的线圈得电，实现联锁功能。

　　【3-3】常开主触点KM1-1接通，电动机接通交流380V电源，开始运转。

【3-3】→【4】速度继电器KS与电动机连轴同速度运转，KS-1接通。

【5】当电动机需要停机时，按下停止按钮SB2。

　　【5-1】SB2内部的常闭触点SB2-1断开。

　　【5-2】SB2内部的常开触点SB2-2闭合。

【5-1】→【6】交流接触器KM1的线圈失电。

　　【6-1】常开辅助触点KM1-2断开，解除自锁功能。

　　【6-2】常闭辅助触点KM1-3闭合，解除联锁功能。

　　【6-3】常开主触点KM1-1断开，电动机断电，惯性运转。

【5-2】→【7】交流接触器KM2的线圈得电。

　　【7-1】常开触点KM2-2闭合，实现自锁功能。

　　【7-2】常闭触点KM2-3断开，防止交流接触器KM1的线圈得电，实现联锁功能。

　　【7-3】常开主触点KM2-1闭合，电动机串联限流电阻器R1～R3反接制动。

【8】按下停止按钮SB2后，制动作用使电动机和速度继电器转速减小到零，速度继电器KS常开触点KS-1断开，切断电源。

【8】→【9】交流接触器KM2的线圈失电。

　　【9-1】常开辅助触点KM2-2断开，解除自锁功能。

　　【9-2】常开辅助触点KM2-3闭合复位。

　　【9-3】常开主触点KM2-1断开，电动机切断电源，制动结束，电动机停止运转。

## 9.4.7 | 三相交流电动机调速控制电路的识图

三相交流电动机调速控制电路主要由时间继电器、接触器、按钮开关等组成的调速控制电路与三相交流电动机等构成。该电路是指利用时间继电器控制电动机的低速或高速运转，用户可以通过低速运转按钮和高速运转按钮实现对电动机低速和高速运转的切换控制。图9-22所示为三相交流电动机调速控制电路的识读分析。

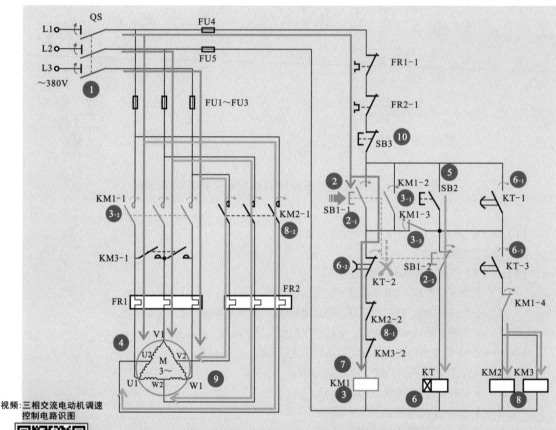

视频：三相交流电动机调速控制电路识图

图9-22 三相交流电动机调速控制电路的识读分析

【1】合上电源总开关QS，接通三相电源。

【2】按下低速运转启动按钮SB1。

　【2-1】常开触点SB1-1闭合。

　【2-2】常闭触点SB1-2断开，防止KT得电。

【2-1】→【3】交流接触器KM1的线圈得电。

　【3-1】常开辅助触点KM1-2闭合自锁。

　【3-2】常开主触点KM1-1闭合，电源为三相交流电动机供电。

　【3-3】常闭辅助触点KM1-3、KM1-4断开，防止继电器KT和交流接触器KM2、KM3的线圈得电。

【3-2】→【4】三相交流电动机低速接线端得电后，开始低速运转。

【5】按下高速运转按钮SB2，其触点闭合。

【5】→【6】时间继电器KT的线圈得电。

　　【6-1】常开触点KT-1延时闭合自锁，即松开高速运转按钮，电路仍处于导通状态。

　　【6-2】常闭触点KT-2延时一段时间后断开。

　　【6-3】常开触点KT-3延时一段时间后闭合。

　　【6-1】→【7】交流接触器KM1的线圈失电，对应的触点全部复位，即常开触点断开，常闭触点闭合。

　　【5】+【6-3】→【8】接通电路的供电，电路开始导通，直接使交流接触器KM2和KM3的线圈得电，对应的触点动作。

　　【8-1】常闭触点KM2-2、KM3-2断开，防止KM1的线圈得电。

　　【8-2】常开触点KM2-1、KM3-1闭合，电源为三相交流电动机供电。

　　【8-2】→【9】三相交流电动机开始高速运转。

　　【10】当需要停机时，按下停止按钮SB3。交流接触器KM1、KM2、KM3和时间继电器KT全部失电，触点全部复位，切断三相交流电动机的供电，电动机停机。

---

### 补充说明

　　三相交流电动机的调速方法有多种，如变极调速、变频调速和变转差率调速等方法。通常，车床设备电动机的调速方法主要是变极调速。双速电动机控制是目前应用中最常用的一种变极调速形式。

　　图9-23所示为双速电动机定子绕组的连接方法。

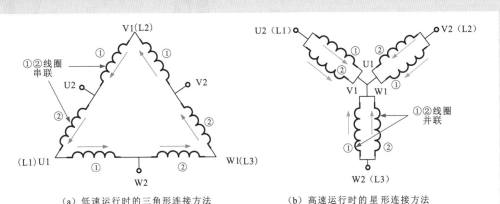

（a）低速运行时的三角形连接方法　　　　（b）高速运行时的星形连接方法

**图9-23　双速电动机定子绕组的连接方法**

　　图9-23（a）为低速运行时电动机定子的三角形（△）连接方法。在这种接法中，电动机的三相定子绕组接成三角形，三相电源线L1、L2、L3分别连接在定子绕组的3个出线端U1、V1、W1上，且每相绕组中点接出的接线端U2、V2、W2悬空不接，此时电动机三相绕组构成三角形连接，每相绕组的①、②线圈相互串联，电路中电流方向如图中箭头所示。若此电动机磁极为4极，则同步转速为1500r/min。

　　图9-23（b）为高速运行时电动机定子的星形（Y）连接方法。这种连接是指将三相电源L1、L2、L3连接在定子绕组的出线端U2、V2、W2上，且将接线端U1、V1、W1连接在一起，此时，电动机每相绕组的①、②线圈相互并联，电路中电流方向如图中箭头所示。若此时电动机磁极为2极，则同步转速为3000r/min。

# 第10章

# 机电设备控制电路识图

## 10.1 机电设备控制电路的特点

### 10.1.1 机电设备控制电路的特点

机电设备控制电路主要控制机电设备完成相应的工作,控制电路主要由各种控制部件,如继电器、接触器、按钮开关和电动机设备等构成。图10-1所示为典型的车床控制电路。

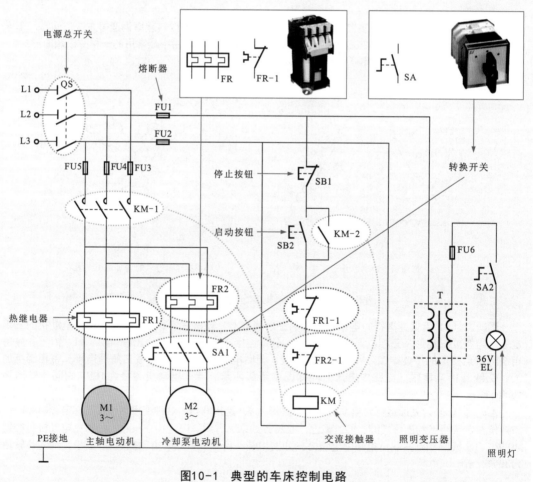

图10-1 典型的车床控制电路

## 10.1.2 │ 机电设备控制电路的接线

图10-2所示为典型车床控制电路的接线。

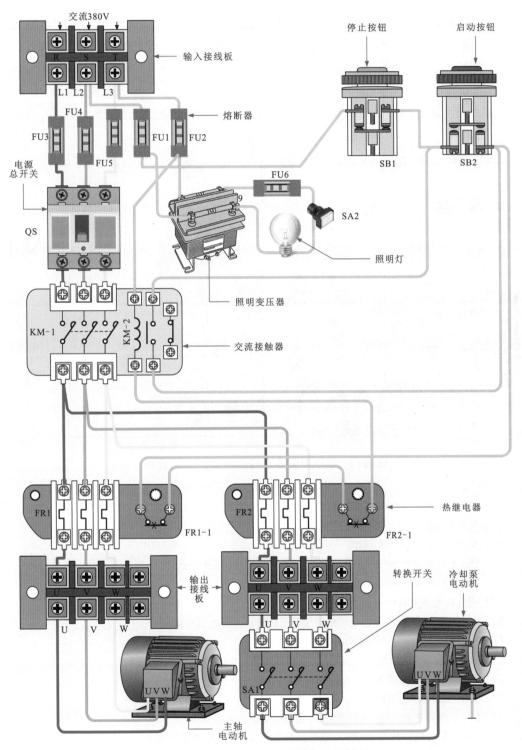

**图10-2 典型的车床控制电路的接线**

# 10.2 常用机电设备控制电路的识图案例

## 10.2.1 卧式车床控制电路的识图

卧式车床主要用于车削精密零件，加工公制、英制、径节螺纹等，控制电路用于控制车床设备完成相应的工作。图10-3所示为典型卧式车床控制电路的识读分析。

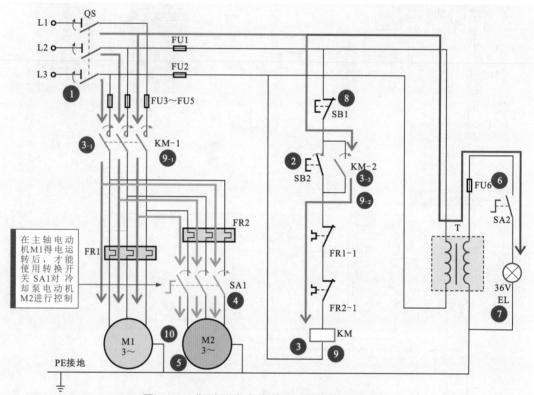

**图10-3　典型卧式车床控制电路的识读分析**

【1】合上电源总开关QS，接通三相电源。

【2】按下启动按钮SB2，内部常开触点闭合。

【3】交流接触器KM的线圈得电。

　　【3-1】常开主触点KM-1闭合，电动机M1接通三相电源开始运转。

　　【3-2】常开辅助触点KM-2闭合自锁，使交流接触器KM的线圈保持得电。

【4】闭合转换开关SA1。

【3-1】+【4】→【5】冷却泵电动机M2接通三相电源，开始启动运转。

【6】在需要照明灯时，将SA2旋至接通的状态。

【7】照明变压器二次侧输出36V电压，照明灯EL亮。

【8】当需要停机时，按下停止按钮SB1。

【9】交流接触器KM的线圈失电，触点全部复位。

　　【9-1】常开主触点KM-1复位断开，切断电动机供电电源。

　　【9-2】常开辅助触点KM-2复位断开，为下一次自锁控制做好准备。

【9-1】→【10】电动机M1、M2停止运转。

## 10.2.2 齿轮磨床控制电路的识图

图10-4所示为典型齿轮磨床控制电路的识读分析。

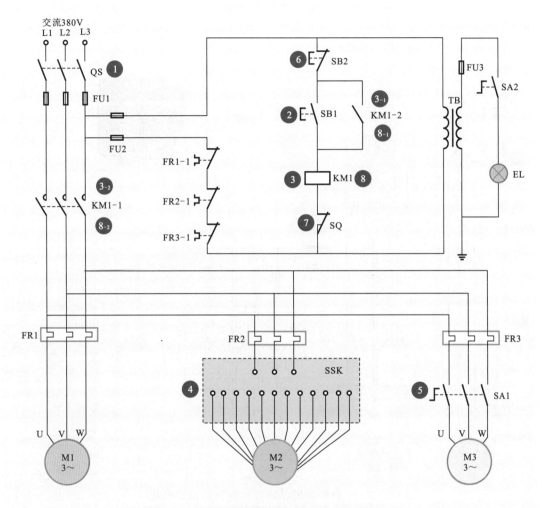

图10-4 典型齿轮磨床控制电路的识读分析

【1】合上电源总开关QS，接通三相电源。

【2】按下启动按钮SB1，触点接通。

【3】交流接触器KM1的线圈得电，相应触点开始动作。

　　【3-1】常开辅助触点KM1-2闭合，实现电路的自锁功能。

　　【3-2】常开主触点KM1-1闭合，电源为电动机M1供电，电动机M1启动运转。

【4】调整多速开关SSK至低速、中速或高速的任意一个位置，电动机M2以不同转速运转。

【5】转动开关SA1，触点闭合，电动机M3启动运转。

【6】按下停止按钮SB2，触点断开。

【7】当电动机M1控制的设备运行碰触到限位开关SQ时，常闭触点断开。

【6】或【7】　→【8】交流接触器KM1的线圈失电，相应触点复位动作。

　　【8-1】常开辅助触点KM1-2复位断开，解除自锁功能。

　　【8-2】常开主触点KM1-1复位断开，切断电动机供电，电动机停止运转。

## 10.2.3 摇臂钻床控制电路的识图

摇臂钻床主要用于工件的钻孔、扩孔、铰孔、镗孔及攻螺纹等，具有摇臂自动升降、主轴自动进刀、机械传动、夹紧、变速等功能。图10-5所示为典型摇臂钻床控制电路的识读分析。

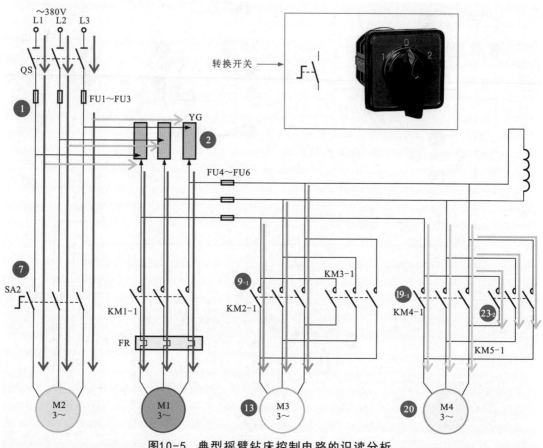

图10-5 典型摇臂钻床控制电路的识读分析

【1】合上电源总开关QS，接通三相电源。

【2】交流电压经汇流环YG为电动机提供工作电压。

【3】将十字开关SA1拨至左端，常开触点SA1-1接通。

【4】过电压保护继电器KV的线圈得电，常开辅助触点KV-1闭合自锁。

【5】将十字开关SA1拨至右端，使常开触点SA1-2接通。

【6】交流接触器KM1的线圈得电，触点KM1-1接通，主轴电动机M1运转。

【7】闭合旋转开关SA2，触点接通，冷却泵电动机M2运转。

【8】将开关SA1拨至左端为控制电路送电，将SA1拨至上端，触点SA1-3闭合。

【8】→【9】交流接触器KM2的线圈得电，相应的触点动作。

　【9-1】常开主触点KM2-1闭合，摇臂升降电动机M3正向运转。

　【9-2】常闭辅助触点KM2-2断开，防止交流接触器KM3的线圈得电。

【9-1】→【10】通过机械传动，使辅助螺母在丝杠上旋转上升，带动了夹紧装置松开，限位开关SQ2-2触头闭合，为摇臂上升后的夹紧动作做准备。

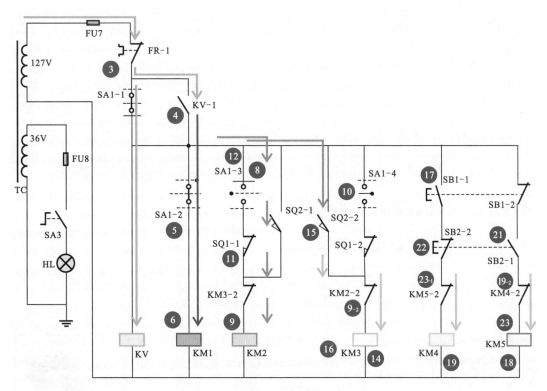

图10-5（续）

【11】摇臂松开后辅助螺母继续上升，带动一个主螺母沿丝杠上升，主螺母推动摇臂上升。当摇臂上升到预定高度时限位开关SQ1-1触头断开。

【12】将十字开关SA1拨至中间位置，SA1触点复位，交流接触器KM2的线圈失电，触点全部复位。

【13】摇臂升降电动机的供电电路断开，电动机M3停止运转，摇臂停止上升。

【14】交流接触器KM3的线圈得电，常开主触点KM3-1闭合，摇臂升降电动机M3反向运转。

【15】电动机通过辅助螺母使夹紧装置将摇臂夹紧，但摇臂并不下降。当摇臂完全夹紧时，限位开关SQ2-2触头随即断开。

【16】交流接触器KM3的线圈失电，触点全部复位，电动机M3停转，摇臂上升动作结束。

【17】当摇臂和外立柱需绕内立柱转动时，按下按钮SB1，常开触点SB1-1闭合。

【17】→【18】常闭触点SB1-2断开，防止交流接触器KM5的线圈得电，起联锁保护作用。

【17】→【19】交流接触器KM4的线圈得电，相应触点动作。

　　【19-1】常开主触点KM4-1闭合。

　　【19-2】常闭辅助触点KM4-2断开，防止交流接触器KM5的线圈得电。

【19-1】→【20】电动机M4正向运转，油压泵送出高压油，经油路系统和传动机构使立柱松开。

【21】当摇臂和外立柱转到所需的位置时，按下按钮SB2，常开触点SB2-1闭合。

【22】常闭触点SB2-2断开，防止交流接触器KM4的线圈得电，起联锁保护作用。

【23】交流接触器KM5的线圈得电，在电路中相对应的触点动作。

　　【23-1】交流接触器的常闭辅助触点KM5-2断开，防止交流接触器KM4的线圈得电。

　　【23-2】主触点KM5-1闭合，电动机M4反向运转，在液压系统推动下夹紧外立柱。

# 第11章
# 农机控制电路识图

## 11.1 农机控制电路的特点

### 11.1.1 农机控制电路的特点

农机控制电路是指使用在农业生产中所需要设备的控制电路，如排灌设备、农产品加工设备、养殖和畜牧设备等。图11-1所示为典型抽水机控制电路。

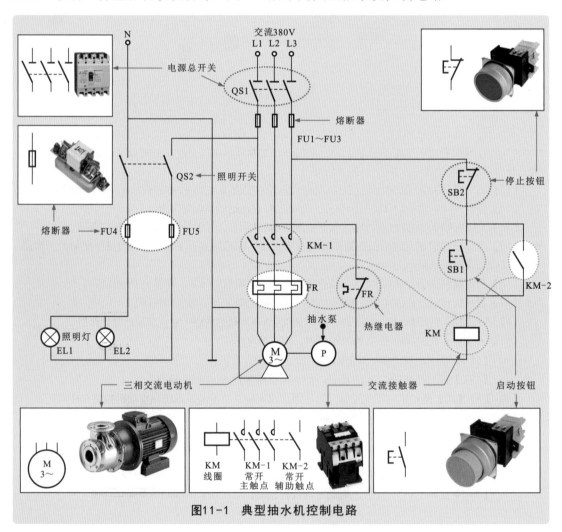

图11-1 典型抽水机控制电路

## 11.1.2 农机控制电路的接线

图11-2所示为典型抽水机控制电路的接线。

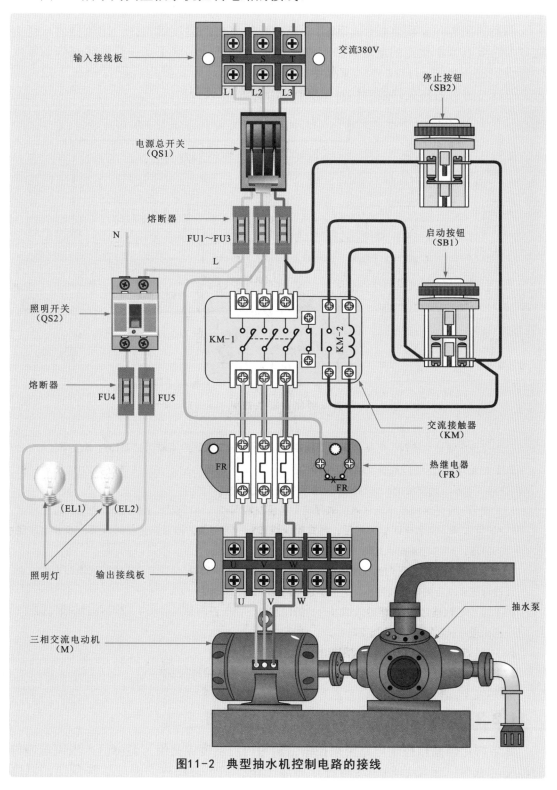

图11-2 典型抽水机控制电路的接线

## 11.2 常用农机控制电路的识图案例

### 11.2.1 禽类养殖孵化室湿度控制电路的识图

禽类养殖孵化室湿度控制电路用来控制孵化室内的湿度维持在一定范围内。当孵化室内的湿度低于设定的湿度时，自动启动加湿器进行加湿工作；当孵化室内的湿度达到设定的湿度时，自动停止加湿器工作，从而保证孵化室内湿度保持在一定范围内。图11-3所示为禽类养殖孵化室湿度控制电路的识读分析。

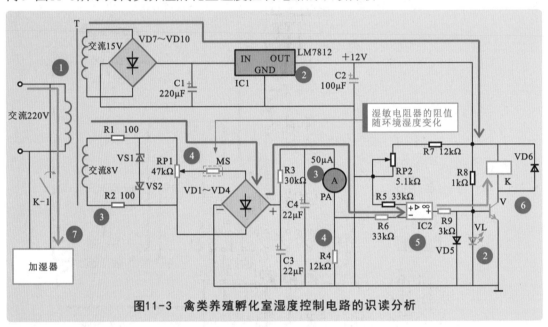

图11-3 禽类养殖孵化室湿度控制电路的识读分析

【1】接通电源，交流220V电压经电源变压器T降压后，由二次侧分别输出交流15V、8V电压。

【2】交流15V电压经桥式整流堆VD7～VD10整流、滤波电容器C1滤波、三端稳压器IC1稳压后，输出＋12V直流电压，为湿度控制电路供电，指示灯VL点亮。

【3】交流8V电压经限流电阻器R1、R2限流，稳压二极管VS1、VS2稳压后输出交流电压，经可调电阻器RP1调整取样，湿敏电阻器MS降压，桥式整流堆VD1～VD4整流，限流电阻器R3限流，滤波电容器C3、C4滤波后，加到电流表PA上。

【4】当禽类养殖孵化室内的环境湿度较低时，湿敏电阻器MS的阻值变大，桥式整流堆输出电压减小（流过电流表PA上的电流就变小，进而流过电阻器R4的电流也变小）。

【5】电压比较器IC2的反相输入端（－）的比较电压低于正向输入端（＋）的基准电压，因此，由其电压比较器IC2的输出端输出高电平。

【6】晶体管V导通，继电器K的线圈得电。

【7】常开触点K-1闭合，接通加湿器的供电电源，加湿器开始加湿工作。

### 11.2.2 禽蛋孵化恒温箱控制电路的识图

禽蛋孵化恒温箱控制电路用来控制恒温箱内的温度保持恒定温度值。当恒温箱内的温度降低时，自动启动加热器进行加热工作；当恒温箱内的温度达到预定的温度时，自动停止加热器工作，从而保证恒温箱内温度的恒定。图11-4所示为禽蛋孵化恒温箱控制电路的识读分析。

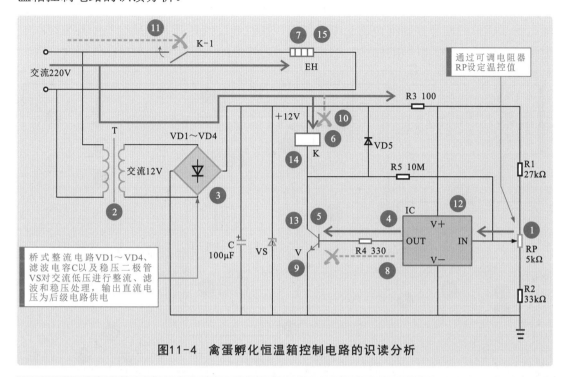

图11-4　禽蛋孵化恒温箱控制电路的识读分析

　　【1】通过可调电阻器RP预先调节好禽蛋孵化恒温箱内的温控值。

　　【2】接通电源，交流220V电压经电源变压器T降压后，由二次侧输出交流12V电压。

　　【3】交流12V电压经桥式整流堆VD1～VD4整流、滤波电容器C滤波、稳压二极管VS稳压后，输出+12V直流电压，为温度控制电路供电。

　　【4】当禽蛋孵化恒温箱内的温度低于可调电阻器RP预先设定的温控值时，温度传感器集成电路IC的OUT端输出高电平。

　　【5】三极管V导通。

　　【6】继电器K的线圈得电。

　　【7】常开触点K-1闭合，接通加热器EH的供电电源，加热器EH开始加热工作。

　　【8】当禽蛋孵化恒温箱内的温度上升至可调电阻器RP预先设定的温控值时，温度传感器集成电路IC的OUT端输出低电平。

　　【9】三极管V截止。

　　【10】继电器K的线圈失电。

　　【11】常开触点K-1复位断开，切断加热器EH的供电电源，加热器EH停止加热工作。

　　【12】加热器停止加热一段时间后，禽蛋孵化恒温箱内的温度缓慢下降，当禽蛋孵化恒温箱内的温度再次低于可调电阻器RP预先设定的温控值时，温度传感器集成电路IC的OUT端再次输出高电平。

　　【13】三极管V再次导通。

　　【14】继电器K的线圈再次得电。

　　【15】常开触点K-1闭合，再次接通加热器EH的供电电源，加热器EH开始加热工作。如此反复循环加热来保证禽蛋孵化恒温箱内的温度恒定。

## 11.2.3 | 养鱼池间歇增氧控制电路的识图

养鱼池间歇增氧控制电路是一种控制电动机间歇工作的电路，通过定时器集成电路输出不同相位的信号控制继电器的间歇工作，同时通过控制开关的闭合与断开来控制继电器触点接通与断开时间的比例。图11-5所示为养鱼池间歇增氧控制电路的识读分析。

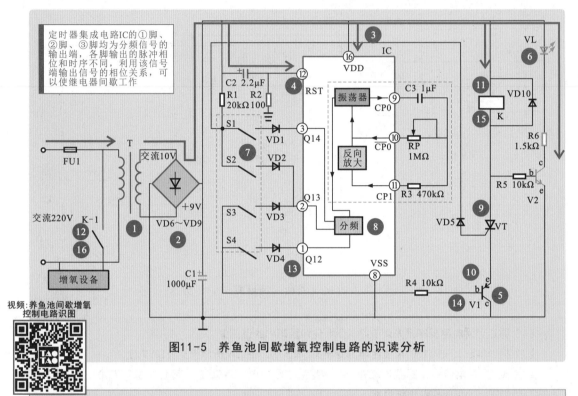

定时器集成电路IC的①脚、②脚、③脚均为分频信号的输出端，各脚输出的脉冲相位和时序不同，利用该信号端输出信号的相位关系，可以使继电器间歇工作

视频：养鱼池间歇增氧控制电路识图

图11-5 养鱼池间歇增氧控制电路的识读分析

【1】接通电源，交流220V电压经电源变压器T降压后，由二次侧输出交流10V电压。

【2】交流10V电压经桥式整流堆VD6～VD9整流、滤波电容器C1滤波后，输出＋9V直流电压。

【2】→【3】＋9V直流电压一路直接加到定时器集成电路IC的⑯脚，为其提供工作电压。

【2】→【4】＋9V直流电压另一路经电容器C2、电阻器R2加到定时器集成电路IC的⑫脚，振荡器启动，使定时器集成电路中的计数器清零复位。

【5】当晶闸管VT和三极管V1都导通时，继电器K才会动作。

【6】三极管V2基极为高电平时，VL发光。

【7】假设将开关S1和S3设置为断开，S2和S4设置为闭合。

【8】在定时器集成电路IC的①、②、③脚输出不同频率和相位的脉冲信号。

【9】通过脉冲信号触发晶闸管VT导通。

【10】低电平使三极管V1导通。

【11】晶闸管VT和三极管V1导通后，继电器K的线圈得电。

【12】常开触点K-1闭合，接通增氧设备供电电源，增氧设备启动进行增氧工作。

【13】在定时器集成电路IC的①脚输出高电平的时段。

【14】三极管V1也截止。

【15】继电器K的线圈失电。

【16】常开触点K-1复位断开，切断增氧设备供电电源，增氧设备停止进行增氧工作。

## 11.2.4 | 蔬菜大棚温度控制电路的识图

蔬菜大棚温度控制电路是指自动对大棚内的环境温度进行调控的电路。该类电路一般利用热敏电阻器检测环境温度，通过热敏电阻器阻值的变化来控制整个电路的工作，使加热器在低温时加热、高温时停止工作，维持大棚内的温度恒定。图11-6所示为蔬菜大棚温度控制电路的识读分析。

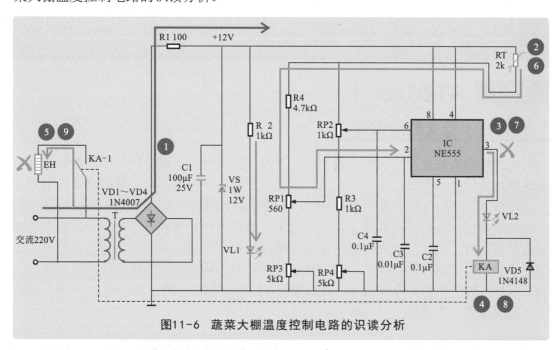

图11-6 蔬菜大棚温度控制电路的识读分析

【1】交流220V电压经变压器T降压后变为交流低压，再经过桥式整流堆、滤波电容、稳压二极管后变为12V直流电压输出，为后级电路供电。

【2】当大棚中的温度较低时，热敏电阻器RT的阻值减小，使NE555时基电路的2脚电压升高。

【3】NE555时基电路的3脚输出高电平，指示灯VL2点亮。

【4】继电器KA的线圈得电，触点动作。

【5】KA的常开触点KA-1接通，加热器得电开始加热，大棚内温度升高。

【6】当大棚中的温度较高时，热敏电阻器RT的阻值变大，使NE555时基电路的2脚电压降低。

【7】NE555时基电路的3脚输出低电平，指示灯VL2熄灭。

【8】继电器KA的线圈失电，触点复位。

【9】KA的常开触点KA-1复位断开，加热器失电，停止加热。加热器反复工作，维持大棚内的温度恒定。

📎 补充说明

在图11-6中，NE555时基电路的外围设置了多个可调电阻器（RP1～RP4），通过调节这些可调电阻器的大小，可以设置NE555时基电路的工作参数，从而调节大棚内的恒定温度。

NE555时基电路的应用十分广泛，特别在一些自动触发电路、延时触发电路中应用较多。另外，NE555时基电路根据外围引脚连接元件的不同，其实现的功能也有所区别。

# 第12章
# 电工电路敷设布线

## 12.1 明敷布线

### 12.1.1 瓷夹明敷布线

瓷夹明敷布线也称为夹板明敷布线，是指用瓷夹板来支持导线，使导线固定并与建筑物绝缘的一种布线方式，一般适用于正常干燥的室内场所和房屋挑檐下的室外场所。通常情况下，使用瓷夹明敷布线时，其线路的截面积一般不要超过10mm²。

瓷夹在固定时可以将其埋设在坚固件上，或是使用胀管螺钉进行固定，用胀管螺钉进行固定时，应先在需要固定的位置上进行钻孔（孔的大小应与胀管粗细相同，其深度略长于胀管螺钉的长度），然后将胀管螺钉放入瓷夹底座的固定孔内进行固定。接着将导线固定在瓷夹内的槽内，最后使用螺钉固定好瓷夹的上盖即可。

瓷夹的固定方法如图12-1所示。

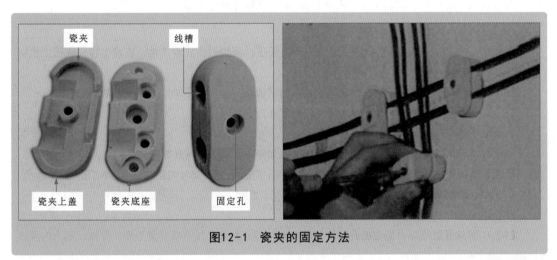

图12-1　瓷夹的固定方法

图12-2所示为瓷夹配线时遇建筑物的操作规范。瓷夹配线时，通常会遇到一些建筑物，如水管、蒸汽管或转角等，对于该类情况进行操作时，应进行相应的保护。例如，在与导线进行交叉敷设时，应使用塑料管或绝缘管对导线进行保护，并在塑料管或绝缘管的两端导线上用瓷夹板夹牢，防止塑料管移动；在跨越蒸汽管时，使用瓷管对导线进行保护，瓷管与蒸汽管保温层外有20mm的距离；若使用瓷夹进行转角或分支配线，在距离墙面40～60mm处安装一个瓷夹，用于固定线路。

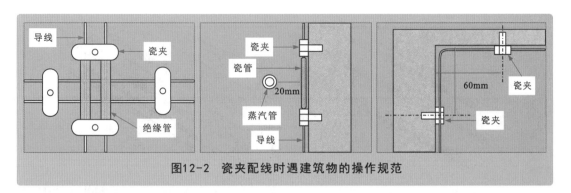

图12-2　瓷夹配线时遇建筑物的操作规范

> 📖 补充说明
>
> 　　使用瓷夹配线时，若需要连接导线，需要将其连接头尽量安装在两个瓷夹的中间，避免将导线的接头压在瓷夹内。使用瓷夹在室内配线时，绝缘导线与建筑物表面的最小距离不应小于5mm；使用瓷夹在室外配线时，不可在雨雪能落到导线的地方进行敷设。

　　图12-3所示为瓷夹配线穿墙或穿楼板的操作规范。在瓷夹配线过程中，通常会遇到穿墙或穿楼板的情况，在进行该类操作时，应按照相关的规定进行操作。例如，线路穿墙进户时，一根瓷管内只能穿一根导线，并应有一定的倾斜度；在穿过楼板时，应使用保护钢管，并且在楼上距离地面的钢管高度应为1.8m。

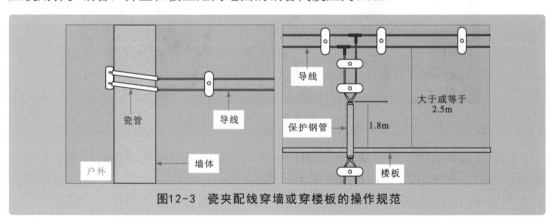

图12-3　瓷夹配线穿墙或穿楼板的操作规范

## 12.1.2 │ 金属管明敷布线

　　金属管明敷布线是指使用金属材质的管制品，将线路敷设于相应的场所，是一种常见的布线方式，室内和室外都适用。采用金属管明敷布线可以使导线更好地受到保护，并且能避免因线路短路而发生火灾。

　　在使用金属管明敷于潮湿的场所时，由于金属管会受到不同程度的锈蚀，为了保障线路的安全，应采用较厚的水、煤气钢管；若是敷设于干燥的场所，则可以选用金属电线管。图12-4所示为金属管明敷布线中用到的金属管材。

> 📖 补充说明
>
> 　　选用金属管进行明敷布线时，其表面不应有穿孔、裂缝或明显的凹凸不平等现象；其内部不允许出现锈蚀的现象，尽量选用内壁光滑的金属管。

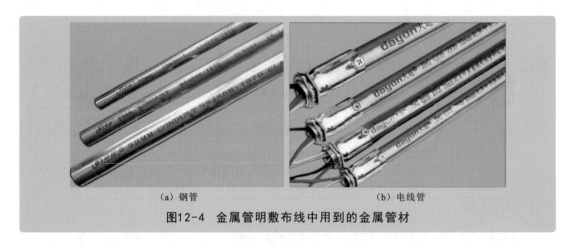

（a）钢管　　　　　　　　　　　（b）电线管

图12-4　金属管明敷布线中用到的金属管材

　　图12-5所示为金属管管口的加工规范。在使用金属管进行配线时，为了防止穿线时金属管口划伤导线，其管口的位置应使用专用工具进行打磨，确保其没有毛刺或尖锐的棱角。

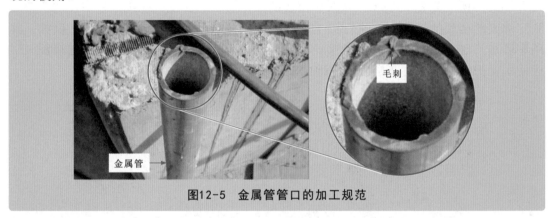

图12-5　金属管管口的加工规范

　　在敷设金属管时，为了减少配线时的困难，应尽量减少弯头出现的总量，如每根金属管的弯头不应超过3个，直角弯头不应超过2个。

　　图12-6所示为金属管弯头的操作规范。使用弯管器对金属管进行弯管操作时，应按相关的操作规范执行。例如，金属管的平均弯曲半径不得小于金属管外径的6倍，在明敷且只有一个弯时，可将金属管的弯曲半径减少为金属管外径的4倍。

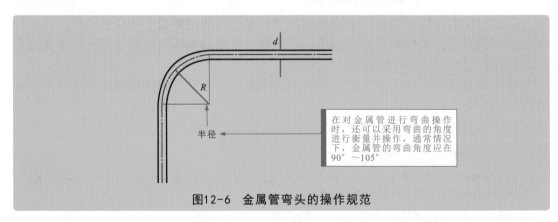

图12-6　金属管弯头的操作规范

图12-7所示为金属管使用长度的规范。金属管配线连接时，若管路较长或有较多弯头时，则需要适当加装接线盒，通常对于无弯头的情况，金属管的长度不应超过30m；对于有1个弯头的情况，金属管的长度不应超过20m；对于有两个弯头的情况，金属管的长度不应超过15m；对于有3个弯头的情况，金属管的长度不应超过8m。

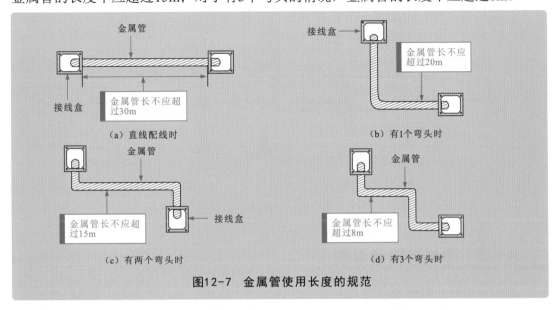

图12-7 金属管使用长度的规范

图12-8所示为金属管配线时的固定规范。金属管配线时，为了其美观和方便拆卸，在对金属管进行固定时，通常会使用管卡进行固定。若没有设计要求，则金属管卡的固定间隔不应超过3m；在距离接线盒0.3m的区域，应使用管卡进行固定；在弯头两边也应使用管卡进行固定。

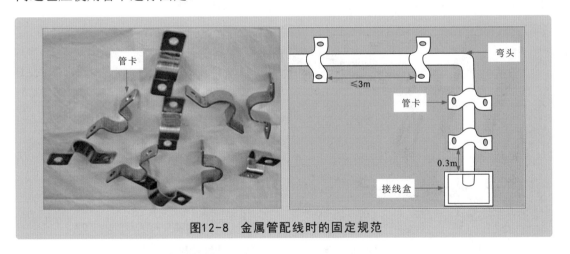

图12-8 金属管配线时的固定规范

### 12.1.3 金属线槽明敷布线

金属线槽布线用于明敷时，一般适用于正常环境的室内场所，带有槽盖的金属线槽，具有较强的封闭性，其耐火性能也较好，可以敷设在建筑物顶棚内。但是对于金属线槽，有严重腐蚀的场所不可以采用该类布线方式。

金属线槽布线时，其内部的导线不能有接头，若是在易于检修的场所，可以允许在金属线槽内有分支的接头，并且在金属线槽内布线时，其内部导线的截面积不应超过金属线槽内截面的20%，载流导线不宜超过30根。

图12-9所示为金属线槽的安装规范。金属线槽布线遇到特殊情况时，需要设置安装支架或吊架，即线槽的接头处；直线敷设金属线槽的长度为1～1.5m时，安装于金属线槽的首端、终端及进出接线盒的0.5m处。

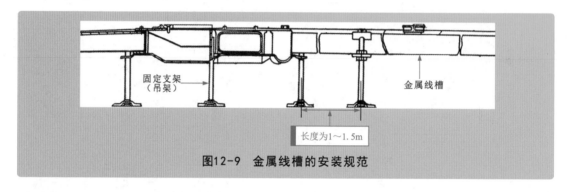

图12-9　金属线槽的安装规范

## 12.1.4 │ 塑料管明敷布线

塑料管明敷布线的操作方式具有布线施工操作方便、施工时间短、抗腐蚀性强等特点，适合应用在腐蚀性较强的环境中。在使用塑料管进行布线时，可分为硬质塑料管和半硬质塑料管。

图12-10所示为塑料管明敷布线的固定规范。塑料管明敷布线时，应使用管卡进行固定、支撑。在距离塑料管首端、终端、开关、接线盒或电气设备处150～500mm时应固定一次；如果多条塑料管敷设时，要保持其间距均匀。

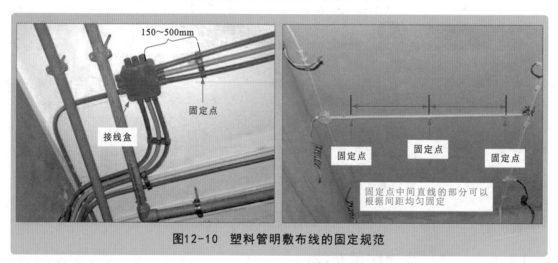

图12-10　塑料管明敷布线的固定规范

**补充说明**

塑料管配线前，应先对塑料管本身进行检查，其表面不可以有裂缝、瘪陷的现象，其内部不可以有杂物，而且保证明敷塑料管的管壁厚度不小于2mm。

图12-11所示为塑料管的连接规范。塑料管之间的连接可以采用插入连接法和套入连接法。插入连接法是指将黏接剂涂抹在A硬塑料管的表面，然后将A硬塑料管插入B硬塑料管内A硬塑料管管径的1.2～1.5倍深度即可；套入连接法则是相同直径的硬塑料管扩大成套管，其长度为硬塑料管外径的2.5～3倍，插接时，先将套管加热至130℃左右，约1～2分钟后套管变软，同时将两根硬塑料管插入套管即可。

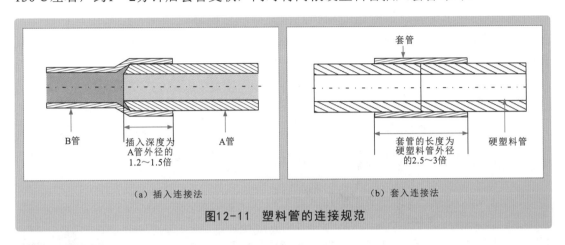

（a）插入连接法    （b）套入连接法

图12-11 塑料管的连接规范

补充说明

在使用塑料管敷设连接时，可使用辅助连接配件进行连接弯曲或分支等操作，如直接头、正三通头、90°弯头、45°弯头、异径接头等，如图12-12所示。在安装连接过程中，可以根据其环境的需要使用相应的配件。

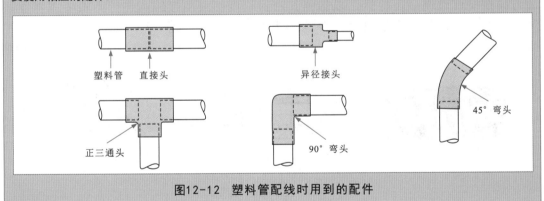

图12-12 塑料管配线时用到的配件

# 12.2 暗敷布线

## 12.2.1 金属管暗敷布线

暗敷是指将导线穿管并埋设在墙内、地板下或顶棚内进行配线，该操作对于施工操作要求较高，对于线路进行检查和维护时较困难。

金属管暗敷布线的过程中，若遇到有弯头的情况，金属管的弯头弯曲半径不应小于管外径的6倍；敷设于地下或混凝土的楼板时，金属管的弯曲半径不应小于管外径的10倍。

　　金属管在转角时，其角度应大于90°。为了便于导线的穿过，敷设金属管时，每根金属管的转弯点不应多于两个，并且不可以有S形拐角。

　　金属管配线时，由于内部穿线的难度较大，所以选用的管径要大一点，一般管内填充物最多为总空间的30%左右，以便于穿线。

　　图12-13所示为金属管管口的操作规范。金属管配线时，通常会采用直埋操作，为了减小直埋管在沉陷时连接管口处对导线的剪切力，在加工金属管管口时可以将其做成喇叭形，若是将金属管口伸出地面，应距离地面25～50mm。

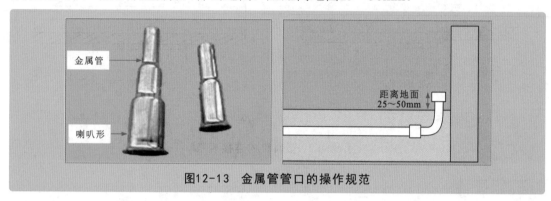

图12-13　金属管管口的操作规范

　　图12-14所示为金属管的连接规范。金属管在连接时，可以使用管箍进行连接，也可以使用接线盒进行连接。采用管箍连接两根金属管时，将钢管的丝扣部分顺螺纹的方向缠绕麻丝绳后再拧紧，以加强其密封程度；采用接线盒进行两根金属管连接时，钢管的一端应在连接盒内使用锁紧螺母夹紧，防止脱落。

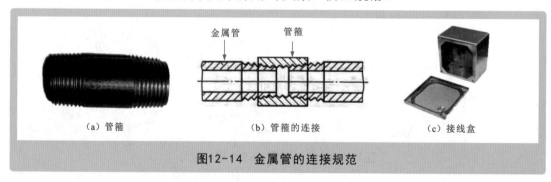

（a）管箍　　　　　　　（b）管箍的连接　　　　　　　（c）接线盒

图12-14　金属管的连接规范

## 12.2.2 | 金属线槽暗敷布线

　　金属线槽配线使用在暗敷中时，通常适用于正常环境下大空间且隔断变化多、用电设备移动性大或敷设有多种功能的场所，主要是敷设于现浇混凝土地面、楼板或楼板垫层内。

　　图12-15所示为金属线槽配线时接线盒的使用规范。金属线槽配线时，为了便于穿线，金属线槽在交叉、转弯或分支处配线时应设置分线盒；金属线槽配线时，若直线长度超过6m，应采用分线盒进行连接。并且为了日后线路的维护，分线盒应能够开启，并采取防水措施。

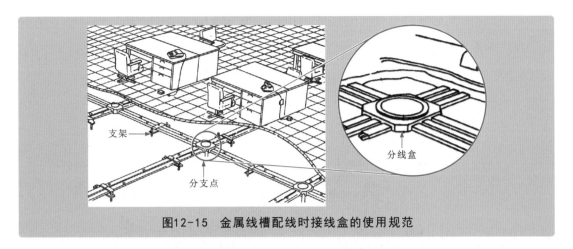

图12-15　金属线槽配线时接线盒的使用规范

　　图12-16所示为金属线槽配线时环境的规范。金属线槽配线时，若是敷设在现浇混凝土的楼板内，要求楼板的厚度不应小于200mm；若是敷设在楼板垫层内，要求垫层的厚度不应小于70mm，并且避免与其他管路有交叉的现象。

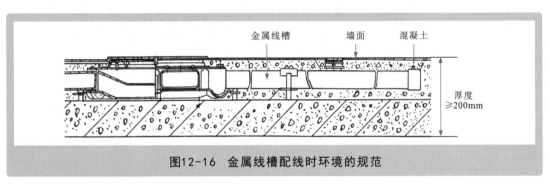

图12-16　金属线槽配线时环境的规范

## 12.2.3 塑料管暗敷布线

　　塑料管暗敷布线是指将塑料管埋入墙壁内的一种布线方式。

　　图12-17所示为塑料管的选用规范。在选用塑料管暗敷布线时，首先应检查塑料管的表面是否有裂缝或瘪陷的现象，若存在该现象则不可以使用；然后检查塑料管内部是否存有异物或尖锐的物体，若有该情况，则不可以选用，塑料管壁的厚度不能小于3mm。

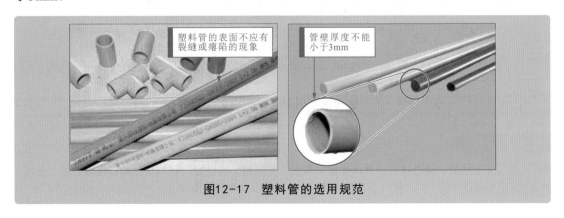

图12-17　塑料管的选用规范

图12-18所示为塑料管弯曲时的操作规范。为了便于导线的穿越，塑料管弯头部分的角度一般不能小于90°，要有明显的圆弧，不可以出现管内弯瘪的现象。

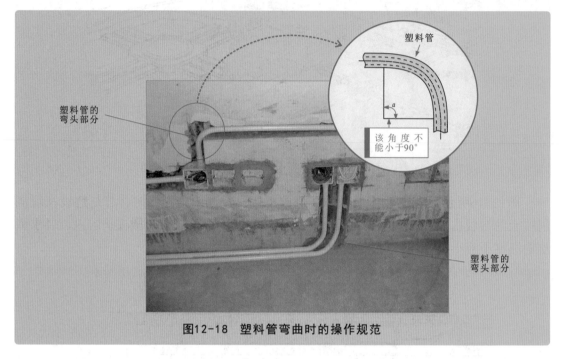

图12-18　塑料管弯曲时的操作规范

图12-19所示为塑料管在砖墙内及混凝土内敷设时的操作规范。塑料管在砖墙内暗线敷设时，一般在土建砌砖时预埋，否则应先在砖墙上留槽或开槽，然后在砖缝里打入木榫并钉上钉子，再用铁丝将塑料管绑扎在钉子上，并进一步将钉子钉入。若是在混凝土内暗线敷设，可用铁丝将管子绑扎在钢筋上，将管子用垫块垫高10～15mm，使管子与混凝土模板之间保持足够的距离，并防止浇灌混凝土时把管子拉开。

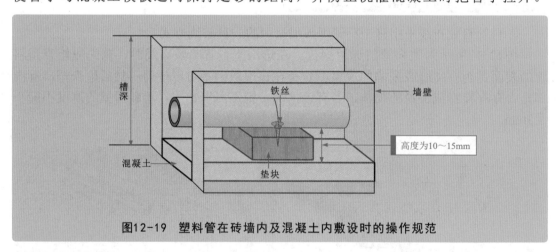

图12-19　塑料管在砖墙内及混凝土内敷设时的操作规范

补充说明

　　塑料管配线时，两个接线盒之间的塑料管为一个线段，每线段内塑料管口的连接数量要尽量减少，并且根据用电的需求，使用塑料管配线时，应尽量减少弯头的操作。

# 第13章

# 变频器与PLC

## 13.1 变频器的种类特点

### 13.1.1 变频器的种类

变频器的种类很多，其分类方式也多种多样，可根据需求，按其用途、变换方式、电源性质、变频控制方式等进行分类。

### 1 按照用途分类

变频器按照用途可以分为通用变频器和专用变频器两大类。

#### ❶ 通用变频器

通用变频器是指在很多方面具有很强通用性的变频器。该类变频器简化了一些系统功能，并以节能为主要目的，多为中小容量变频器，一般应用于水泵、风扇、鼓风机等对于系统调速性能要求不高的场合。图13-1所示为几种常见通用变频器的实物外形。

（a）三菱D700型通用变频器　　　（b）安川J1000型通用变频器　　　（c）西门子MM420型通用变频器

图13-1　几种常见通用变频器的实物外形

#### ❷ 专用变频器

专用变频器是指专门针对某一方面或某一领域而设计研发的变频器。该类变频器针对性较强，具有适用于其所针对领域独有的功能和优势，从而能够更好地发挥变频调速的作用。图13-2所示为几种常见专用变频器的实物外形。

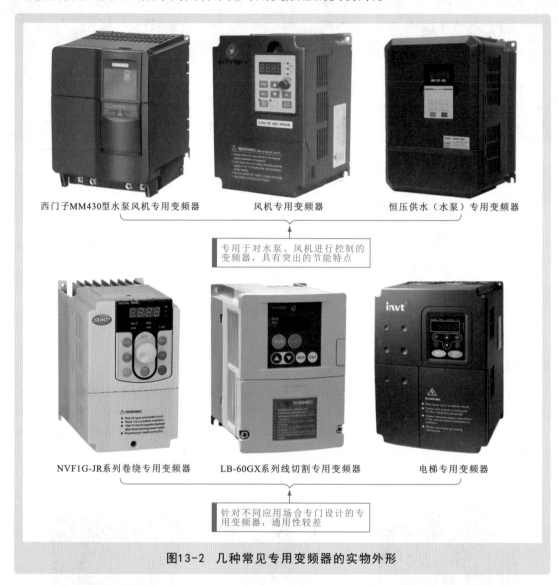

西门子MM430型水泵风机专用变频器　　　风机专用变频器　　　恒压供水（水泵）专用变频器

专用于对水泵、风机进行控制的变频器，具有突出的节能特点

NVF1G-JR系列卷绕专用变频器　　　LB-60GX系列线切割专用变频器　　　电梯专用变频器

针对不同应用场合专门设计的专用变频器，通用性较差

图13-2　几种常见专用变频器的实物外形

## 2　按照变换方式分类

变频器按照其工作时频率变换的方式，主要分为两类：交-直-交变频器和交-交变频器。

### ① 交-直-交变频器

交-直-交变频器又称间接式变频器，是指变频器工作时，首先将工频交流电通过整流单元转换成脉动的直流电，再经过中间电路中的电容平滑滤波，为逆变电路供电；在控制系统的控制下，逆变电路再将直流电源转换成频率和电压可调的交流电，然后提供给负载（电动机）进行变速控制。交-直-交变频器结构如图13-3所示。

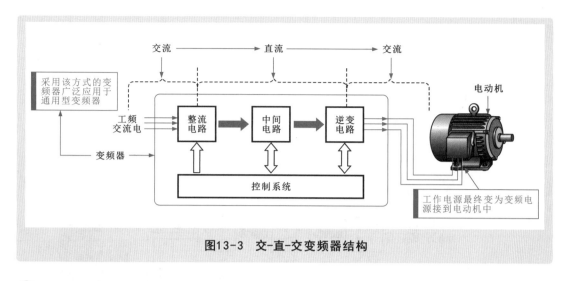

图13-3　交-直-交变频器结构

## 2 交-交变频器

交-交变频器又称直接式变频器，是指变频器工作时，将工频交流电直接转换成频率和电压可调的交流电，提供给负载（电动机）进行变速控制。

图13-4所示为交-交变频器结构。

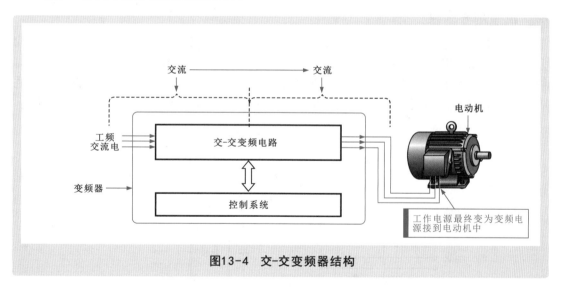

图13-4　交-交变频器结构

## 3 按照电源性质分类

在上述交-直-交变频器中，根据其中间电路部分电源性质的不同，又可将变频器分为两大类：电压型变频器和电流型变频器。

## 1 电压型变频器

电压型变频器的特点是中间电路采用电容器作为直流储能元件，缓冲负载的无功功率。直流电压比较平稳，直流电源内阻较小，相当于电压源，故电压型变频器常用于负载电压变化较大的场合。图13-5所示为电压型变频器结构。

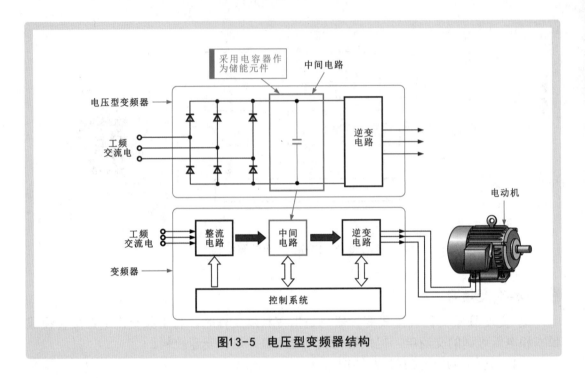

图13-5 电压型变频器结构

## ② 电流型变频器

电流型变频器的特点是中间电路采用电感器作为直流储能元件,用以缓冲负载的无功功率,即扼制电流的变化,使电压接近正弦波,由于该直流电源内阻较大,可扼制负载电流频繁而急剧的变化,故电流型变频器常用于负载电流变化较大的场合,适用于需要回馈制动和经常正、反转的生产机械。图13-6所示为电流型变频器结构。

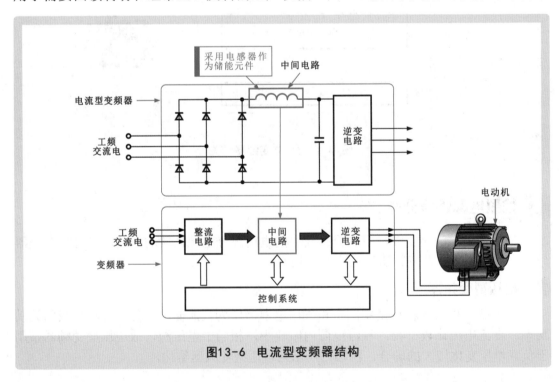

图13-6 电流型变频器结构

## 13.1.2 变频器的结构

### 1 变频器的外部结构

变频器的外形虽有不同，但其外部的结构组成基本相同。图13-7所示为典型变频器的外部结构。

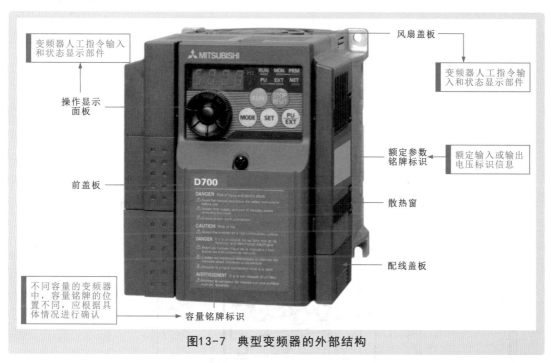

图13-7 典型变频器的外部结构

图13-8所示为典型变频器的操作显示面板。操作显示面板是变频器与外界实现交互的关键部分。

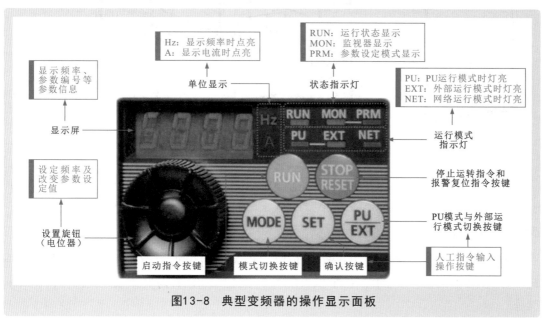

图13-8 典型变频器的操作显示面板

## 2 变频器的内部结构

将变频器外部的各挡板取下后，即可看到变频器的内部结构，如图13-9所示。从图13-9可以看出，变频器的外部主要由冷却风扇、主电路接线端子、控制电路接线端子、其他功能接口或开关（如控制逻辑切换跨接器、PU接口、电压或电流输入切换开关等）等构成。

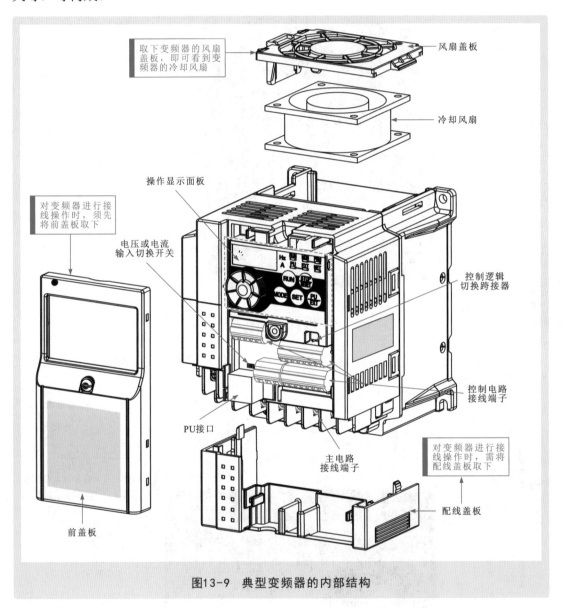

图13-9　典型变频器的内部结构

### ① 冷却风扇

变频器内部的冷却风扇用于在变频器工作时，对内部电路中的发热器件进行冷却，以确保变频器工作的稳定性和可靠性。图13-10所示为典型变频器的冷却风扇部分。

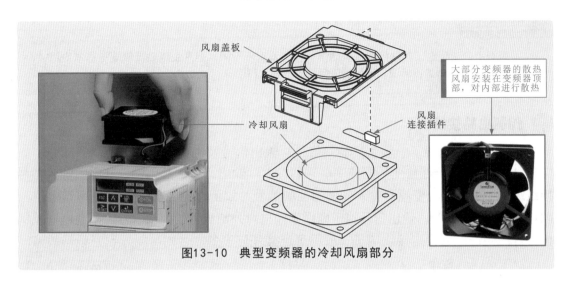

图13-10 典型变频器的冷却风扇部分

## ❷ 主电路接线端子

图13-11所示为典型变频器的主电路接线端子部分及其接线方式。其中，电源侧的主电路接线端子主要用于连接三相供电电源，而负载侧的主电路接线端子主要用于连接电动机。

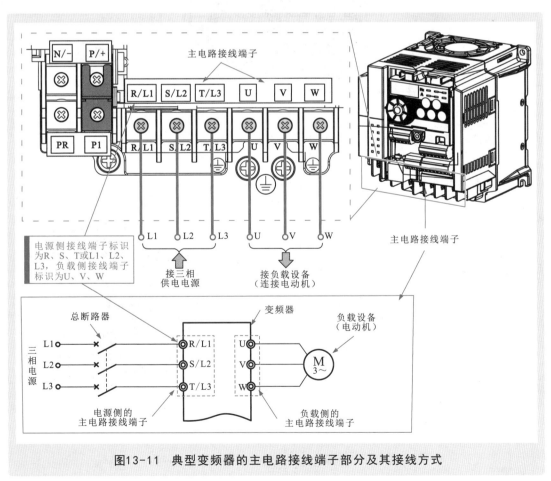

图13-11 典型变频器的主电路接线端子部分及其接线方式

不同类型的变频器，具体接线端子的排列和位置有所不同，但其主电路接线端子基本均用L1、L2、L3和U、V、W字母进行标识，可根据该标识进行识别和区分。

### ③ 控制电路接线端子

控制电路接线端子一般包括输入信号、输出信号及生产厂家设定用端子部分，如图13-12所示，用于连接变频器控制信号的输入、输出、通信等部件。其中，输入信号接线端子一般用于为变频器输入外部的控制信号，如正/反转启动方式、频率设定值、PTC热敏电阻输入等；输出信号端子则用于输出对外部装置的控制信号，如继电器控制信号等；生产厂家设定接线端子一般不可连接任何设备，否则可能导致变频器故障。

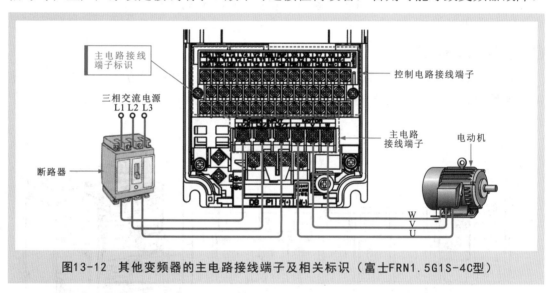

图13-12 其他变频器的主电路接线端子及相关标识（富士FRN1.5G1S-4C型）

典型变频器的控制接线端子部分如图13-13所示。

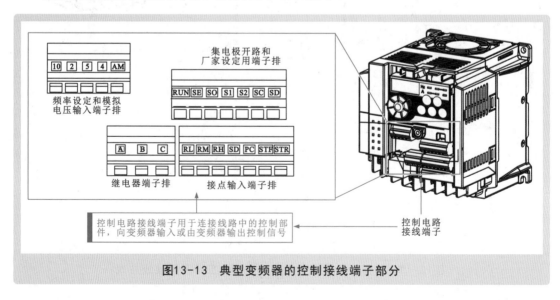

图13-13 典型变频器的控制接线端子部分

## 3 变频器的电路结构

图13-14所示为典型变频器的内部结构，可以看到其内部一般包含两只高容量电容、整流单元、挡板下的控制单元和其他单元（通信电路板、接线端子排）等。

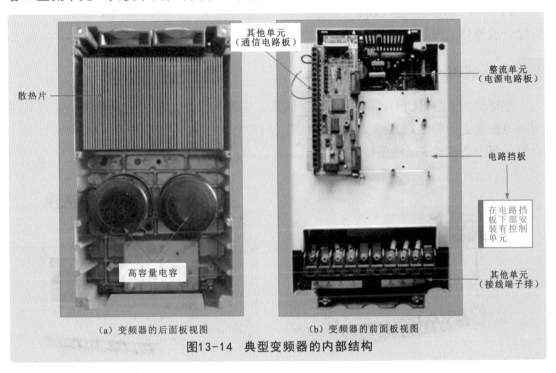

（a）变频器的后面板视图　　　　　（b）变频器的前面板视图

图13-14　典型变频器的内部结构

图13-15为典型变频器内部的单元模块。

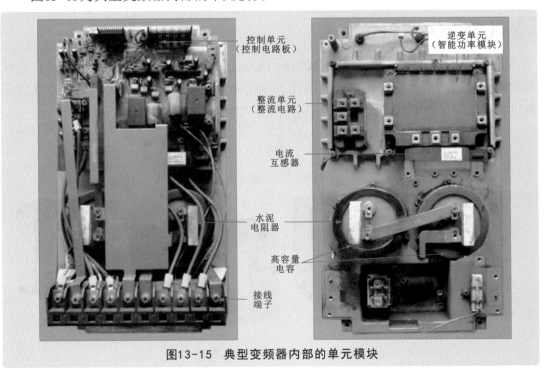

图13-15　典型变频器内部的单元模块

# 13.2 PLC的功能特点

## 13.2.1 PLC的种类

PLC（Programmable Logic Controller，可编程控制器）根据其内部结构的不同，可以分成整体式PLC和组合式PLC两大类。

### 1 整体式PLC

整体式PLC是将CPU、I/O接口、存储器、电源等部分全部固定安装在一块或几块印制电路板上，使之成为统一的整体。图13-16所示为整体式PLC的实物外形。目前，小型、超小型PLC多采用整体式结构。

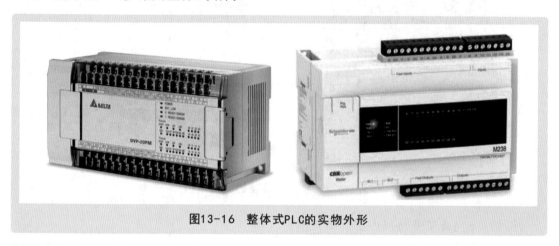

图13-16 整体式PLC的实物外形

### 2 组合式PLC

如图13-17所示，组合式PLC的CPU、I/O接口、存储器、电源等部分都是以模块形式按一定规则组合配置而成的（因此也称模块式PLC）。这种PLC可以根据实际需要进行灵活配置。中型或大型PLC多采用组合式结构。

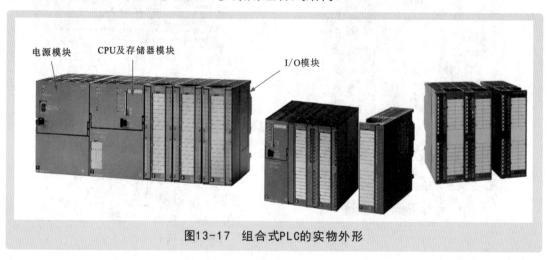

电源模块　　CPU及存储器模块　　　　　　I/O模块

图13-17 组合式PLC的实物外形

## 13.2.2 | PLC的结构组成

随着控制系统的规模和复杂程度的增加，一套完整的PLC控制系统不再局限于单个PLC主机（基本单元）独立工作，而是由多个硬件组合而成的，且根据PLC类型、应用场合、环境、功能等因素的不同，构成系统的硬件数量、类型、要求也不相同，不同系统的具体结构、组配模式、硬件规模也有很大差异。

图13-18所示为典型三菱PLC的结构组成。PLC的硬件系统主要由基本单元、扩展单元、扩展模块及特殊功能模块组成。

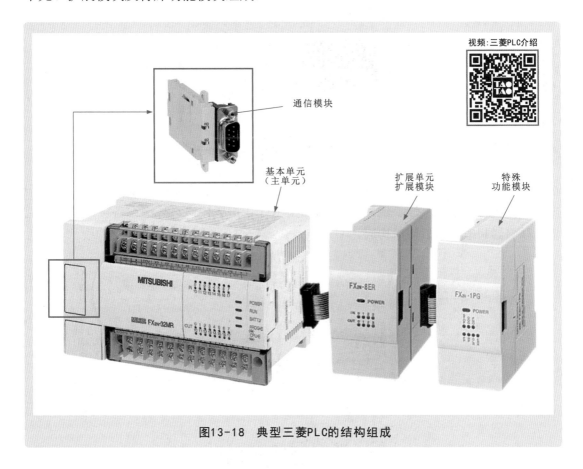

视频:三菱PLC介绍

通信模块

基本单元
（主单元）

扩展单元
扩展模块

特殊
功能模块

图13-18　典型三菱PLC的结构组成

PLC的基本单元是PLC的控制核心，也称主单元，主要由CPU、存储器、输入接口、输出接口及电源等构成，是PLC硬件系统中的必选单元。下面以三菱FX系列PLC为例介绍硬件系统中的产品构成。

图13-19所示为三菱FX系列PLC的基本单元，也称PLC主机或CPU部分，属于集成型小型单元式PLC，具有完整的性能和通信功能等扩展性。常见FX系列产品主要有$FX_{1N}$、$FX_{2N}$和$FX_{3U}$3种。

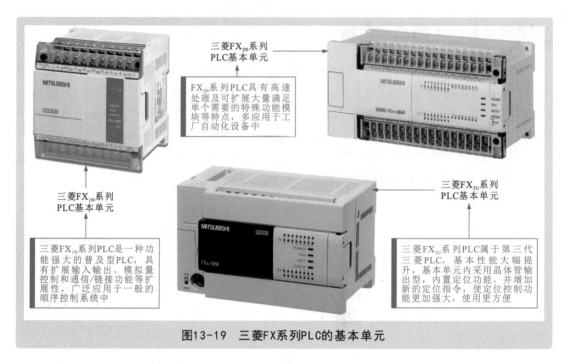

图13-19　三菱FX系列PLC的基本单元

　　图13-20所示为三菱FX系列PLC基本单元的外部结构，主要由电源接口、输入/输出接口、PLC状态指示灯、输入/输出LED指示灯、扩展接口、外围设备接线插座和盖板、存储器和串行通信接口构成。

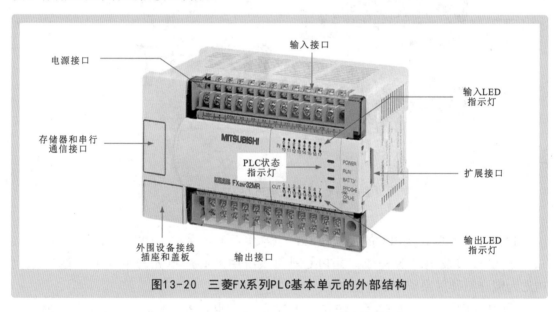

图13-20　三菱FX系列PLC基本单元的外部结构

　　图13-21所示为三菱PLC基本单元的通信接口。PLC与计算机、外围设备、其他PLC之间需要通过共同约定的通信协议和通信方式由通信接口实现信息交换。

　　拆开PLC外壳即可看到PLC的内部结构组成。在通常情况下，三菱PLC基本单元的内部主要由CPU电路板、输入/输出接口电路板和电源电路板构成，如图13-22~图13-24所示。

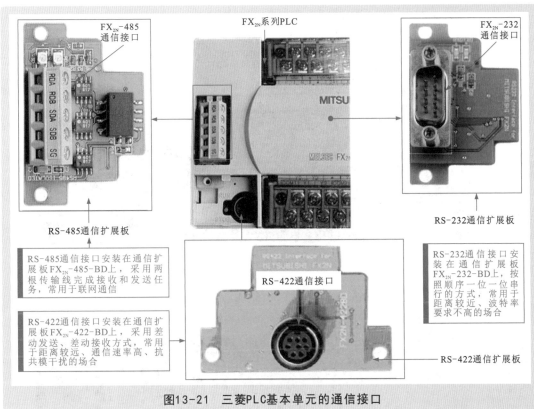

FX2N-485
通信接口

FX2N系列PLC

FX2N-232
通信接口

RS-485通信扩展板

RS-485通信接口安装在通信扩展板FX2N-485-BD上，采用两根传输线完成接收和发送任务，常用于联网通信

RS-422通信接口安装在通信扩展板FX2N-422-BD上，采用差动发送、差动接收方式，常用于距离较远、通信速率高、抗共模干扰的场合

RS-422通信接口

RS-232通信扩展板

RS-232通信接口安装在通信扩展板FX2N-232-BD上，按照顺序一位一位串行的方式，常用于距离较近、波特率要求不高的场合

RS-422通信扩展板

图13-21 三菱PLC基本单元的通信接口

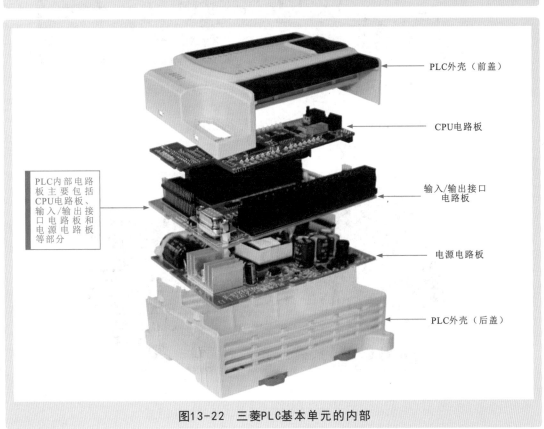

PLC外壳（前盖）

CPU电路板

PLC内部电路板主要包括CPU电路板、输入/输出接口电路板和电源电路板等部分

输入/输出接口电路板

电源电路板

PLC外壳（后盖）

图13-22 三菱PLC基本单元的内部

图13-23所示为三菱PLC内部CPU电路板的结构组成。

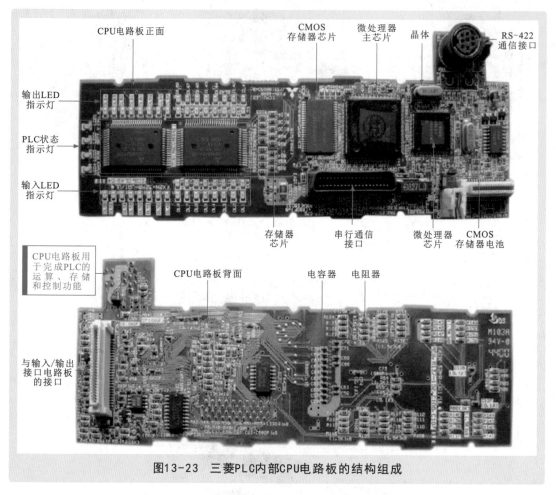

CPU电路板正面
CMOS存储器芯片
微处理器主芯片
晶体
RS-422通信接口
输出LED指示灯
PLC状态指示灯
输入LED指示灯
存储器芯片
串行通信接口
微处理器芯片
CMOS存储器电池
CPU电路板用于完成PLC的运算、存储和控制功能
CPU电路板背面
电容器
电阻器
与输入/输出接口电路板的接口

图13-23　三菱PLC内部CPU电路板的结构组成

图13-24所示为三菱PLC内部电源电路板的结构组成。

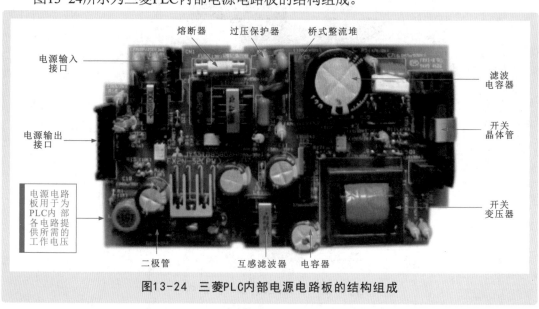

熔断器
过压保护器
桥式整流堆
电源输入接口
滤波电容器
电源输出接口
开关晶体管
电源电路板用于为PLC内部各电路提供所需的工作电压
开关变压器
二极管
互感滤波器
电容器

图13-24　三菱PLC内部电源电路板的结构组成

# 第14章

# PLC触摸屏

## 14.1 西门子Smart 700 IE V3触摸屏

### 14.1.1 西门子Smart 700 IE V3触摸屏的结构

图14-1所示为西门子Smart 700 IE V3触摸屏的结构。

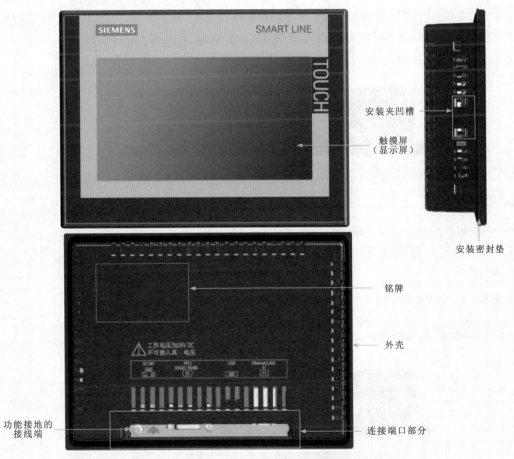

图14-1 西门子Smart 700 IE V3触摸屏的结构

西门子Smart 700 IE V3触摸屏适用于小型自动化系统。该规格的触摸屏采用了增强型CPU和存储器，性能大幅提升。

## 14.1.2 西门子Smart 700 IE V3触摸屏的接口

西门子Smart 700 IE V3触摸屏除了以触摸屏为主体外，还设有多种连接端口，如电源连接端口、RS-422/485端口（网络通信端口）、RJ-45端口（以太网端口）和USB端口等。图14-2所示为西门子Smart 700 IE V3触摸屏的接口。

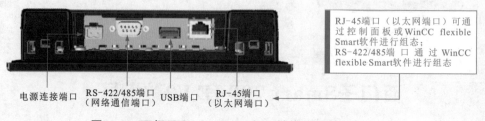

RJ-45端口（以太网端口）可通过控制面板或WinCC flexible Smart软件进行组态；
RS-422/485端口通过WinCC flexible Smart软件进行组态

电源连接端口　　RS-422/485端口　　USB端口　　RJ-45端口
　　　　　　　　（网络通信端口）　　　　　　　（以太网端口）

图14-2　西门子Smart 700 IE V3触摸屏的接口

### 1 电源连接端口

图14-3所示为西门子Smart 700 IE V3触摸屏的电源连接端口。西门子Smart 700 IE V3触摸屏的电源连接端口位于触摸屏底部，该电源连接端口有两个引脚，分别为24V直流供电端和接地端。

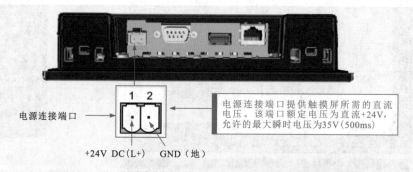

电源连接端口 →

1　2

电源连接端口提供触摸屏所需的直流电压。该端口额定电压为直流+24V，允许的最大瞬时电压为35V（500ms）

+24V DC（L+）　　GND（地）

图14-3　西门子Smart 700 IE V3触摸屏的电源连接端口

### 2 RS-422/485端口

图14-4所示为西门子Smart 700 IE V3触摸屏的RS-422/485端口。

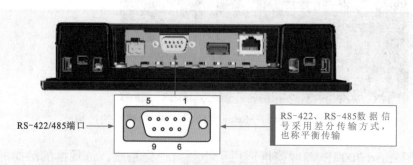

RS-422/485端口 →

5　　1

9　　6

RS-422、RS-485数据信号采用差分传输方式，也称平衡传输

图14-4　西门子Smart 700 IE V3触摸屏的RS-422/485端口

> **补充说明**
>
> RS-422/485端口都是串行数据接口标准。RS-422是一种单机发送、多机接收的单向、平衡传输规范。为扩展应用范围，在RS-422基础上制订了RS-485标准，增加了多点、双向通信能力，即允许多个发送器连接到同一条总线上。

## 3 RJ-45端口

西门子Smart 700 IE V3触摸屏中的RJ-45端口就是普通的网线连接插座，与计算机主板上的网络接口相同，通过普通网络线缆连接到以太网中。

图14-5所示为西门子Smart 700 IE V3触摸屏的RJ-45端口。

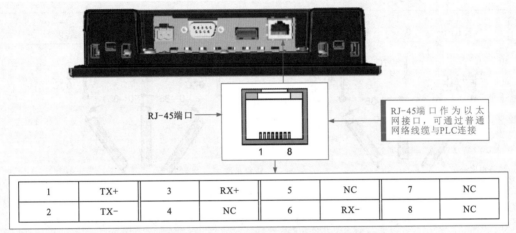

| 1 | TX+ | 3 | RX+ | 5 | NC | 7 | NC |
| 2 | TX- | 4 | NC | 6 | RX- | 8 | NC |

图14-5 西门子Smart 700 IE V3触摸屏的RJ-45端口

## 4 USB端口

图14-6所示为西门子Smart 700 IE V3触摸屏的USB端口。通用串行总线（Universal Serial Bus，USB）接口是一种即插即用接口，支持热插拔，并且现已支持127种硬件设备的连接。

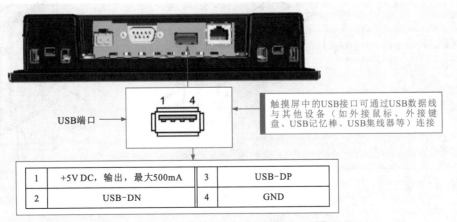

| 1 | +5V DC，输出，最大500mA | 3 | USB-DP |
| 2 | USB-DN | 4 | GND |

图14-6 西门子Smart 700 IE V3触摸屏的USB端口

# 14.2 西门子Smart 700 IE V3触摸屏的安装连接

## 14.2.1 西门子Smart 700 IE V3触摸屏的安装

安装西门子Smart 700 IE V3触摸屏前，应先了解安装的环境要求，如温度、湿度等；再明确安装位置要求，如散热距离、打孔位置等；最后按照安装步骤完成安装。

### 1 安装环境要求

图14-7所示为西门子Smart 700 IE V3触摸屏安装环境的温度要求。

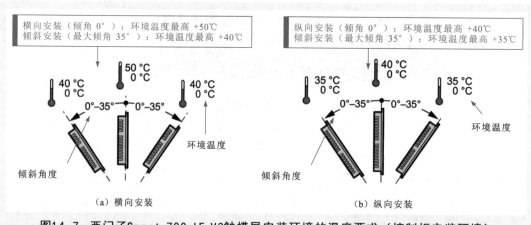

图14-7 西门子Smart 700 IE V3触摸屏安装环境的温度要求（控制柜安装环境）

### 2 安装位置要求

图14-8所示为西门子Smart 700 IE V3触摸屏安装在控制柜中与四周的距离要求。

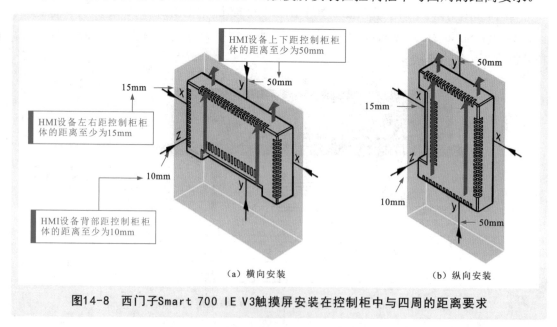

图14-8 西门子Smart 700 IE V3触摸屏安装在控制柜中与四周的距离要求

## 3 通用控制柜中安装打孔要求

确定西门子Smart 700 IE V3触摸屏安装环境符合要求，接下来应在选定的位置打孔，为安装固定做好准备。

图14-9所示为通用控制柜中安装西门子Smart 700 IE V3触摸屏的开孔尺寸要求。

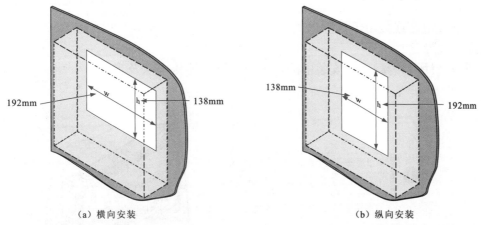

（a）横向安装　　　　　　　　　　（b）纵向安装

图14-9　通用控制柜中安装西门子Smart 700 IE V3触摸屏的开孔尺寸要求

**补充说明**

安装开孔区域的材料强度必须足以保证能承受住HMI设备和安装的安全。

安装夹的受力或对设备的操作不会导致材料变形，从而达到如下所述的防护等级：

· 符合防护等级为IP65的安装开孔处的材料厚度：2～6mm。

· 安装开孔处允许的与平面的偏差：≤0.5mm，已安装的HMI设备必须符合此条件。

## 4 触摸屏的安装固定

控制柜开孔完成后，将触摸屏平行插入安装孔中，使用安装夹固定好触摸屏。图14-10所示为触摸屏的安装固定方法。

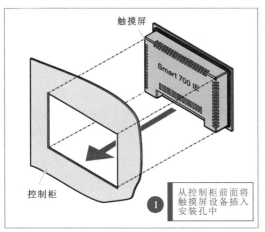

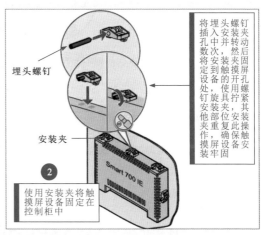

图14-10　触摸屏的安装固定方法

## 14.2.2 西门子Smart 700 IE V3触摸屏的连接

西门子Smart 700 IE V3触摸屏的连接有等电位电路连接、电源线连接、组态计算机（PC）连接、PLC设备连接等。

### 1 等电位电路连接

等电位电路连接用于消除电路中的电位差，确保触摸屏及相关电气设备在运行时不会出现故障。

图14-11所示为触摸屏安装中的等电位电路的连接方法及步骤。

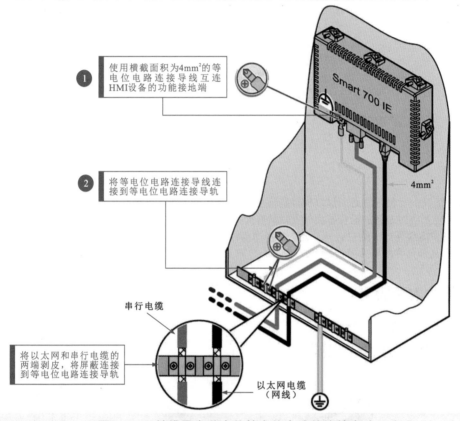

使用横截面积为4mm²的等电位电路连接导线互连HMI设备的功能接地端

将等电位电路连接导线连接到等电位电路连接导轨

4mm²

串行电缆

将以太网和串行电缆的两端剥皮，将屏蔽连接到等电位电路连接导轨

以太网电缆（网线）

图14-11 触摸屏安装中的等电位电路的连接方法及步骤

**补充说明**

在空间上分开的系统组件之间可产生电位差。这些电位差可导致数据电缆上出现高均衡电流，从而毁坏它们的接口。如果两端都采用了电缆屏蔽，并在不同的系统部件处接地，便会产生均衡电流。当系统连接不同的电源时，产生的电位差可能更明显。

### 2 电源线连接

触摸屏设备正常工作需要满足DC 24V供电。设备安装中，正确连接电源线是确保触摸屏设备正常工作的前提。图14-12所示为触摸屏电源线连接头的加工方法。

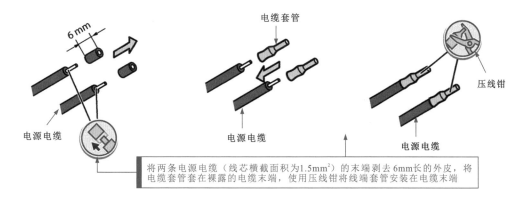

将两条电源电缆（线芯横截面积为1.5mm²）的末端剥去6mm长的外皮，将电缆套管套在裸露的电缆末端，使用压线钳将线端套管安装在电缆末端

**图14-12　触摸屏电源线连接头的加工方法**

图14-13所示为触摸屏电源线的连接方法。

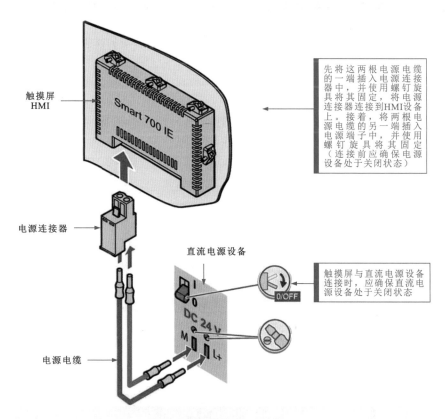

先将这两根电源电缆的一端插入电源连接器中，并使用螺钉旋具将其固定，将电源连接器连接到HMI设备上。接着，将两根电源电缆的另一端插入电源端子中，并使用螺钉旋具将其固定（连接前应确保电源设备处于关闭状态）

触摸屏与直流电源设备连接时，应确保直流电源设备处于关闭状态

**图14-13　触摸屏电源线的连接方法**

> **补充说明**
>
> 　　西门子Smart 700 IE V3触摸屏的直流电源供电设备输出电压规格应为24V（200mA）直流电源，若电源规格不符合设备要求，则会损坏触摸屏设备。
> 　　直流电源供电设备应选用具有安全电气隔离的24 VDC电源装置；若使用非隔离系统组态，则应将24V电源输出端的GND 24V接口进行等电位连接，以统一基准电位。

**3 组态计算机连接**

计算机中安装触摸屏编程软件，通过编程软件可组态触摸屏，实现对触摸屏显示画面内容和控制功能的设计。当在计算机中完成触摸屏组态后，需要将组态计算机与触摸屏连接，以便将软件中完成的项目进行传输。

图14-14所示为组态计算机与触摸屏的连接。

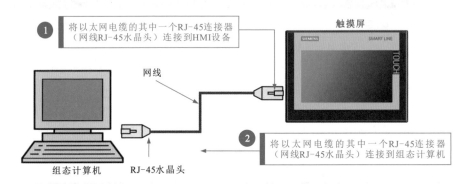

图14-14　组态计算机与触摸屏的连接

**4 PLC设备连接**

触摸屏连接PLC的输入端，可代替按钮、开关等物理部件向PLC输入指令信息。

图14-15所示为触摸屏与PLC之间的连接。

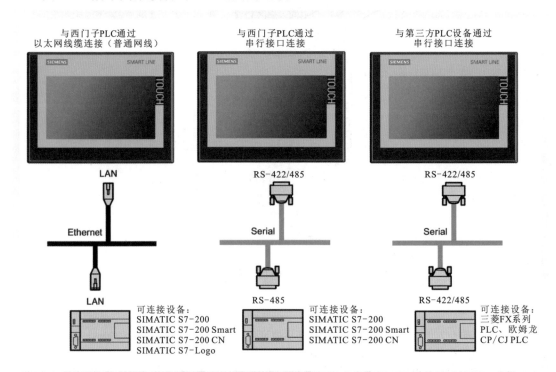

图14-15　触摸屏与PLC之间的连接

## 14.3　三菱GOT-GT11触摸屏

### 14.3.1　三菱GOT-GT11触摸屏的结构

图14-16所示为典型三菱GOT-GT11触摸屏的结构。GOT-GT1175触摸屏的正面是显示屏，其下方及背面是各种连接端口，用于与其他设备连接。

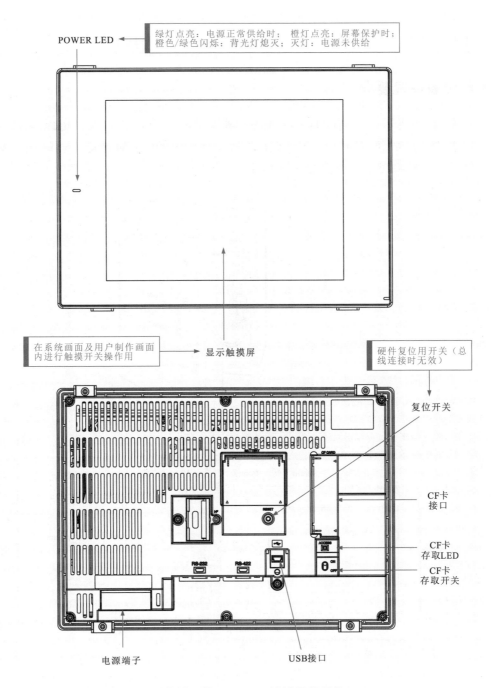

**图14-16　典型三菱GOT-GT11触摸屏的结构**

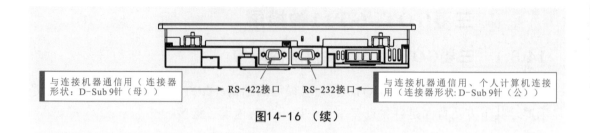

与连接机器通信用（连接器形状：D-Sub 9针（母）） → RS-422接口    RS-232接口 ← 与连接机器通信用、个人计算机连接用（连接器形状：D-Sub 9针（公））

图14-16 （续）

## 14.3.2 三菱GOT-GT11触摸屏的安装连接

### 1 安装位置要求

图14-17所示为三菱GOT-GT11系列触摸屏的安装位置要求。可以看到，通常触摸屏安装于控制盘或操作盘的面板上，与控制盘内的PLC等连接，实现开关操作、指示灯显示、数据显示、信息显示等功能。

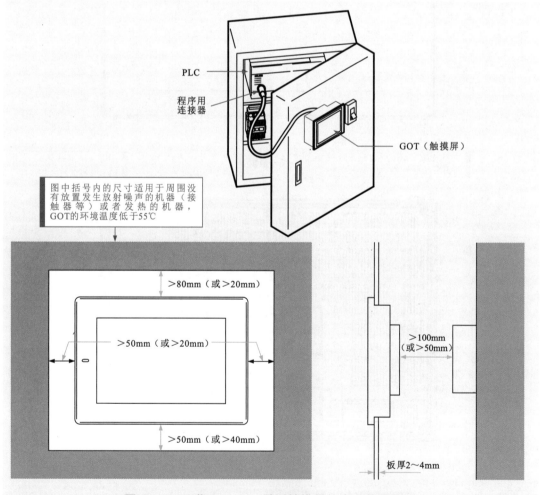

PLC

程序用连接器

GOT（触摸屏）

图中括号内的尺寸适用于周围没有放置发生放射噪声的机器（接触器等）或者发热的机器，GOT的环境温度低于55℃

>80mm（或>20mm）

>50mm（或>20mm）

>100mm（或>50mm）

>50mm（或>40mm）

板厚2～4mm

图14-17 三菱GOT-GT11系列触摸屏的安装位置要求

**补充说明**

如果向控制盘内安装时，三菱GOT-GT11触摸屏的安装角度如图14-18所示。控制盘内的温度应控制在4℃～55℃，安装角度为60°～105°。

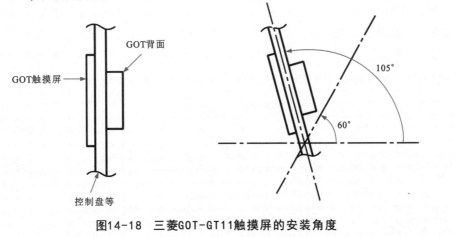

图14-18　三菱GOT-GT11触摸屏的安装角度

## 2 触摸屏主机安装

图14-19所示为三菱GOT-GT11触摸屏主机的安装操作。将三菱GOT-GT11插入面板的正面，将安装配件的挂钩挂入三菱GOT-GT11的固定孔内，用安装螺栓拧紧固定。

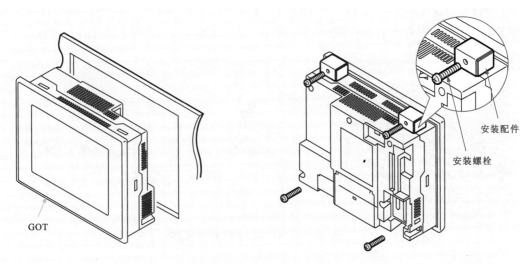

图14-19　三菱GOT-GT11触摸屏主机的安装操作

**补充说明**

安装主机时应注意，应在规定的扭矩范围内拧紧安装螺栓。若安装螺栓太松，可能导致脱落、短路、运行错误；若安装螺栓太紧，可能导致螺栓及设备的损坏而引起的脱落、短路、运行错误。

另外，安装和使用GOT必须在其基本操作环境要求下进行，避免操作不当引起触电、火灾、误动作并会损坏产品或使产品性能变差。

### 3 CF卡的装卸

CF卡是三菱GOT-GT11触摸屏非常重要的外部存储设备。它主要用来存储程序及数据信息。在安装拆卸CF卡时应先确认三菱GOT-GT11触摸屏的电源处于OFF状态。

如图14-20所示,确认CF卡存取开关置于OFF状态(该状态下,即使触摸屏电源未关闭,也可以装卸CF卡),打开CF卡接口的盖板,将CF卡的表面朝向外侧压入CF卡接口中。插入好后关闭CF卡接口的盖板,再将CF卡存取开关置于ON。

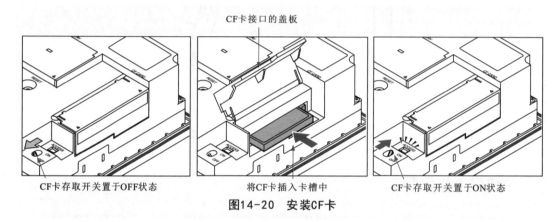

CF卡存取开关置于OFF状态　　　　将CF卡插入卡槽中　　　　CF卡存取开关置于ON状态

图14-20　安装CF卡

当取出CF卡时,先将GOT的CF卡存取开关置于OFF,确认CF卡存取LED灯熄灭,再打开CF卡接口的盖板,将GOT的CF卡弹出按钮竖起,向内按下GOT的CF卡弹出按钮,CF卡便会自动从存取卡仓中弹出。取出CF卡的具体操作如图14-21所示。

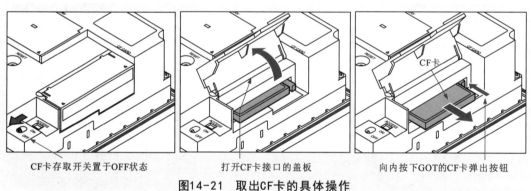

CF卡存取开关置于OFF状态　　　　打开CF卡接口的盖板　　　　向内按下GOT的CF卡弹出按钮

图14-21　取出CF卡的具体操作

补充说明

在GOT中安装或卸下CF卡,应将存储卡存取开关置为OFF状态之后(CF卡存取LED灯熄灭)进行,否则可能导致CF卡内的数据损坏或运行错误。

在GOT中安装CF卡时,插入GOT安装口,并压下CF卡直到弹出按钮被推出。如果接触不良,可能导致运行错误。

在取出CF卡时,由于CF卡有可能弹出,因此需用手将其扶住。否则有可能掉落而导致CF卡破损或故障。

另外,在使用RS-232通信下载监视数据等的过程中,不要装卸CF卡。否则可能发生GT Designer2通信错误,无法正常下载。

**4　电池的安装**

电池是三菱GOT-GT11触摸屏的电能供给设备。用于保持或备份触摸屏中的时钟数据、报警历史及配方数据。图14-22所示为三菱GOT-GT11触摸屏电池的安装方法。

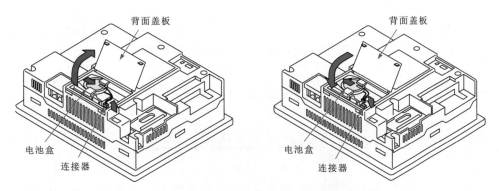

图14-22　三菱GOT-GT11触摸屏电池的安装方法

**5　电源接线**

图14-23所示为GT11背部电源端子电源线、接地线的配线连接图。配线连接时，AC 100V/AC 200V线、DC 24V线应使用线径在0.75～2mm²的粗线。将线缆拧成麻花状，以最短距离连接设备，并且不要将AC 100V/200V线、DC 24V线与主电路（高电压、大电流）线、输入/输出信号线捆扎在一起，且保持间隔在100mm以上。

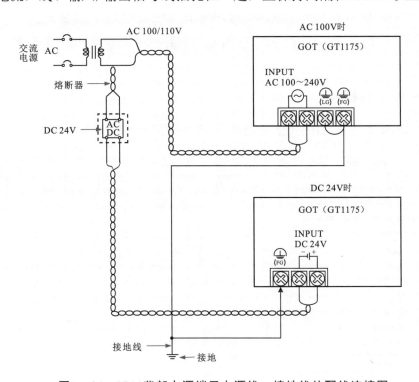

图14-23　GT11背部电源端子电源线、接地线的配线连接图

## 14.4 触摸屏软件

### 14.4.1 WinCC flexible Smart组态软件

WinCC flexible Smart组态软件是专门针对西门子HMI触摸屏编程的软件，可对应西门子触摸屏Smart 700 IE V3、Smart 1000 IE V3（适用于S7-200 Smart PLC）进行组态。图14-24所示为WinCC flexible Smart组态软件的程序界面。

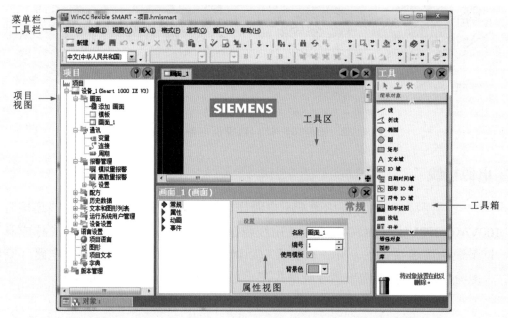

图14-24 WinCC flexible Smart组态软件的程序界面

### 1 菜单栏和工具栏

图14-25所示为WinCC flexible Smart组态软件的菜单栏和工具栏。

图14-25 WinCC flexible Smart组态软件的菜单栏和工具栏

## 2 工作区

图14-26所示为WinCC flexible Smart组态软件的工作区。工作区是WinCC flexible Smart组态软件画面的中心部分。每个编辑器在工作区域中以单独的选项卡控件形式打开。"画面"编辑器以单独的选项卡形式显示各个画面。同时打开多个编辑器时，只有一个选项卡处于激活状态。要选择一个不同的编辑器，在工作区单击相应的选项卡。

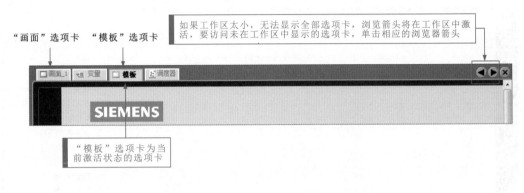

图14-26 WinCC flexible Smart组态软件的工作区

## 3 项目视图

图14-27所示为WinCC flexible Smart组态软件的项目视图。项目视图是项目编辑的中心控制点。项目视图显示了项目的所有组件和编辑器，并且可用于打开这些组件和编辑器。

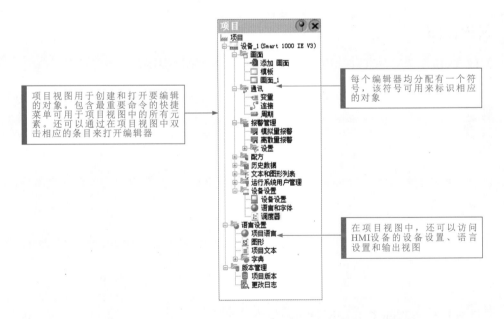

图14-27 WinCC flexible Smart组态软件的项目视图

## 4 工具箱

图14-28所示为WinCC flexible Smart组态软件的工具箱。工具箱位于WinCC flexible Smart组态软件工作区的右侧区域，工具箱中含有可以添加到画面中的简单和复杂对象选项，用于在工作区编辑时添加各种元素（如图形对象或操作元素）。

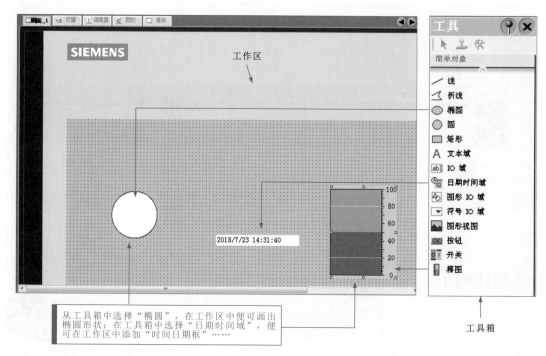

图14-28　WinCC flexible Smart组态软件的工具箱

## 5 属性视图

图14-29所示为WinCC flexible Smart组态软件的属性视图。

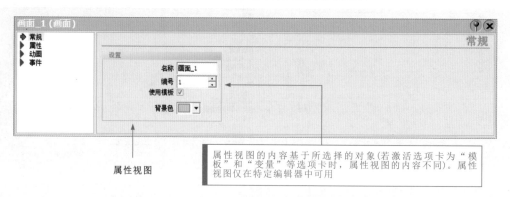

图14-29　WinCC flexible Smart组态软件的属性视图

属性视图位于WinCC flexible Smart组态软件工作区的下方。属性视图用于编辑从工作区中选择的对象的属性。

## 14.4.2 GT Designer3触摸屏编程软件

GT Designer3触摸屏编程软件是针对三菱触摸屏（GOT 1000系列）进行编程的软件。图14-30所示为GT Designer3触摸屏编程软件的程序界面。

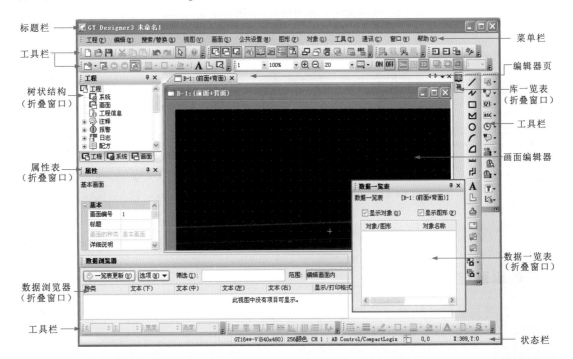

图14-30 GT Designer3触摸屏编程软件的程序界面

视频：GT Designer3
触摸屏编程软件

### 1 菜单栏

图14-31所示为GT Designer3触摸屏编程软件菜单栏的结构，菜单栏中的具体构成根据所选GOT类型不同而有所不同。

图14-31 GT Designer3触摸屏编程软件菜单栏的结构

## 2 工具栏

图14-32所示为GT Designer3触摸屏编程软件的工具栏部分。

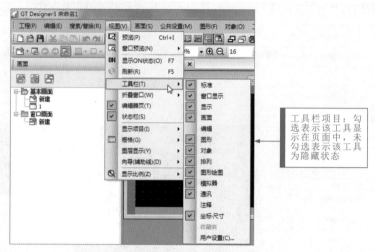

图14-32　GT Designer3触摸屏编程软件的工具栏部分

## 3 编辑器页

编辑器页是设计触摸屏画面内容的主要部分，位于软件画面的中间部分，一般为黑色底色。图14-33所示为编辑器页的相关操作。

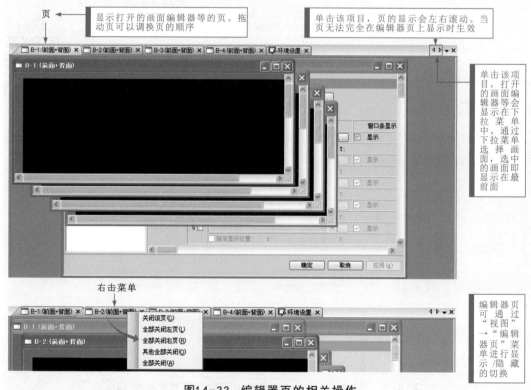

图14-33　编辑器页的相关操作

显示中的画面编辑器或"环境设置"和"连接机器的设置"对话框等页出现在编辑器页中。通过选择页，可选择想要编辑的画面并将其显示在最前面。关闭页，其对应的画面也关闭。

## 4 树状结构

树状结构是按照数据种类分别显示工程公共设置及已创建画面等的树状显示。可以轻松进行全工程的数据管理及编辑。树状结构包括工程树状结构、画面一览表树状结构、系统树状结构，如图14-34所示。

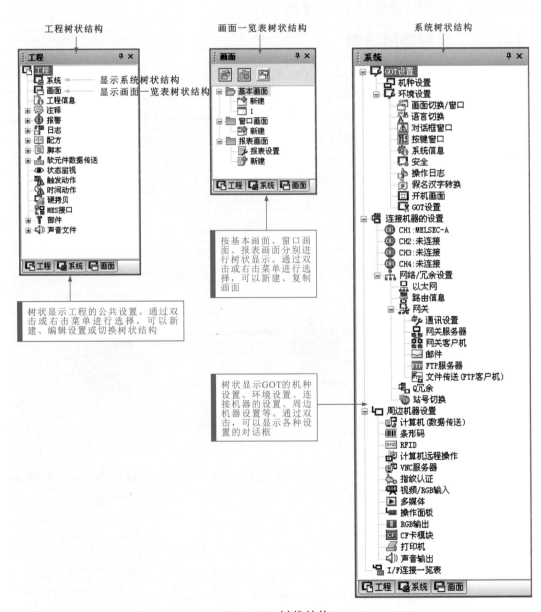

图14-34 树状结构

# 第15章

# 变频技术特点与应用

## 15.1 变频器的功能应用

### 15.1.1 变频器的功能

变频器的作用是改变电动机驱动电流的频率和幅值，进而改变其旋转磁场的周期，达到平滑控制电动机转速的目的。变频器的出现，使复杂的调速控制简单化，用变频器与交流鼠笼式感应电动机的组合，替代了大部分原先只能用直流电动机完成的工作，缩小了体积，降低了故障发生的概率，使传动技术发展到新的阶段。

由于变频器既可以改变输出电压又可以改变频率（即改变电动机的转速），因此实现了对电动机的启动及对转速的控制。变频器的功能原理图如图15-1所示。

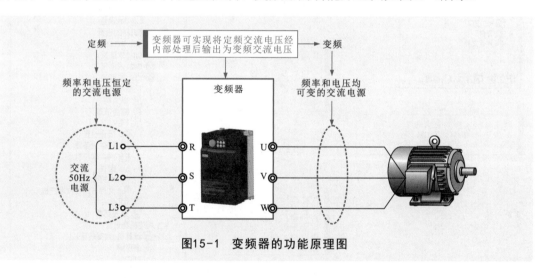

图15-1 变频器的功能原理图

综合来说，变频器是一种集启停控制、变频调速、显示及按键设置功能、保护功能等于一体的电动机控制装置。

### 1 软启动功能

变频器基本上包含了最基本的启动功能，可实现被控负载电动机的启动电流从零开始，最大值不超过额定电流的150%，减轻了对电网的冲击和对供电容量的要求，图15-2所示为电动机硬启动和变频器软启动的比较。

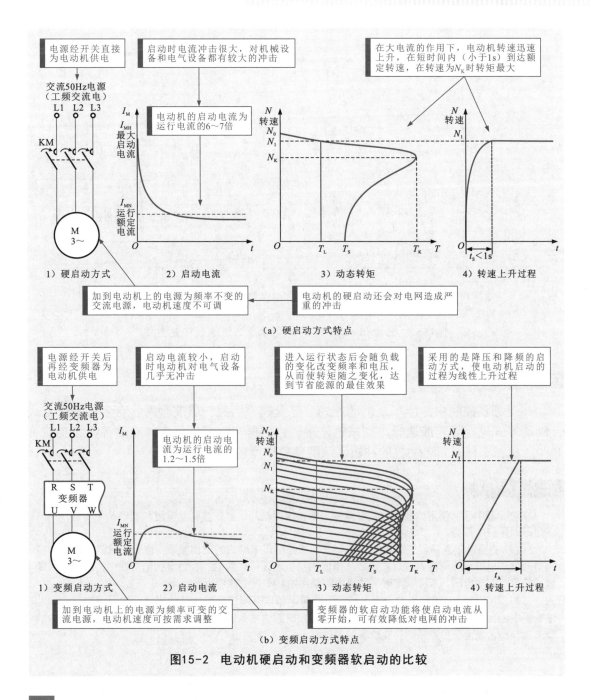

图15-2 电动机硬启动和变频器软启动的比较

## 2 可受控的加速或减速功能

在使用变频器对电动机进行控制时，变频器输出的频率和电压可从低频低压加速至额定的频率和额定的电压，或者从额定的频率和额定的电压减速至低频低压，而加速或减速的快慢可以由用户选择加速或减速方式进行设定，即改变上升或下降频率。其基本原则是，在电动机的启动电流允许的条件下，尽可能缩短加速或减速时间。

例如，三菱FR-A700通用型变频器的加速或减速方式有直线加减速、S曲线加速或减速A、S曲线加速或减速B和齿隙补偿等，如图15-3所示。

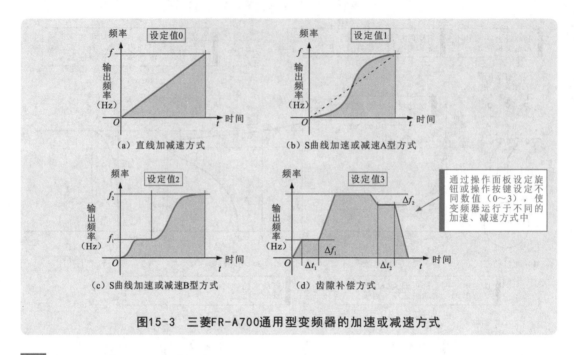

图15-3　三菱FR-A700通用型变频器的加速或减速方式

## 3　可受控的停车及制动功能

在变频器控制中，停车及制动方式可以受控，而且一般变频器具有多种停车方式及制动方式进行设定或选择，如减速停车、自由停车、减速停车加制动等，该功能可减少对机械部件及对电动机的冲击，从而使整个系统更加可靠。

> **补充说明**
>
> 在变频器中经常使用的制动方式有两种，即直流制动功能、外接制动电阻和制动单元功能，用来满足不同用户的需要。
>
> （1）直流制动功能。变频器的直流制动功能是指当电动机的工作频率下降到一定的范围时，变频器向电动机的绕组间接入直流电压，从而使电动机迅速停止转动。在直流制动功能中，用户需对变频器的直流制动电压、直流制动时间和直流制动起始频率等参数进行设置。
>
> （2）外接制动电阻和制动单元。当变频器输出频率下降过快时，电动机将产生回馈制动电流，使直流电压上升，可能会损坏变频器。此时为回馈电路中加入制动电阻和制动单元，将直流回路中的能量消耗掉，以便保护变频器并实现制动。

## 4　突出的变频调速功能

变频器的变频调速功能是其最基本的功能。在传统电动机控制系统中，电动机直接由工频电源（50Hz）供电，其供电电源的频率$f_1$是恒定不变的，因此其转速也是恒定的。

而在电动机的变频控制系统中，电动机的调速控制是通过改变变频器的输出频率实现的。通过改变变频器的输出频率，即可实现电动机在不同电源频率下工作，从而可自动完成电动机的调速控制。

图15-4所示为传统电动机控制系统与变频控制系统的比较。

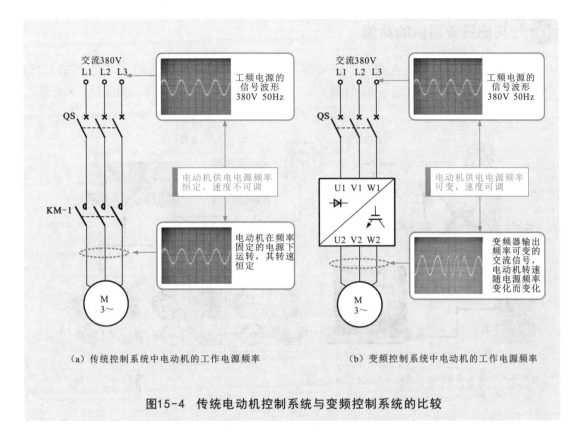

（a）传统控制系统中电动机的工作电源频率　　　　（b）变频控制系统中电动机的工作电源频率

图15-4　传统电动机控制系统与变频控制系统的比较

## 5 安全保护功能

变频器内部设有保护电路，可实现对其自身及负载电动机的各种异常保护功能，其中主要包括过热（过载）保护和防失速保护。

### ① 过热（过载）保护功能

变频器的过热（过载）保护即过流保护或过热保护。在所有的变频器中配置了电子热保护功能或采用热继电器进行保护。过热（过载）保护功能是通过监测负载（电动机）及变频器本身的温度，当变频器所控制的负载惯性过大或因负载过大引起电动机堵转时，其输出电流超过额定值或交流电动机过热时，保护电路动作，使电动机停转，防止变频器及负载（电动机）损坏。

### ② 防失速保护

失速是指当给定的加速时间过短，电动机加速变化远远跟不上变频器的输出频率变化时，变频器因电流过大而跳闸，运转停止。

为了防止上述失速现象，保障电动机正常运转，变频器内部设有防失速保护电路，该电路可检出电流的大小进行频率控制。当加速电流过大时适当放慢加速速率，减速电流过大时也适当放慢减速速率，以防出现失速情况。

另外，变频器内的保护电路可在运行中实现过电流短路保护、过电压保护、冷却风扇过热和瞬时停电保护等，当检测到异常状态后可控制内部电路停机保护。

## 6 与其他设备通信的功能

为了便于通信及和人机交互，变频器上通常设有不同的通信接口，可用于与PLC自动控制系统及远程操作器、通信模块、计算机等进行通信连接，如图15-5所示。

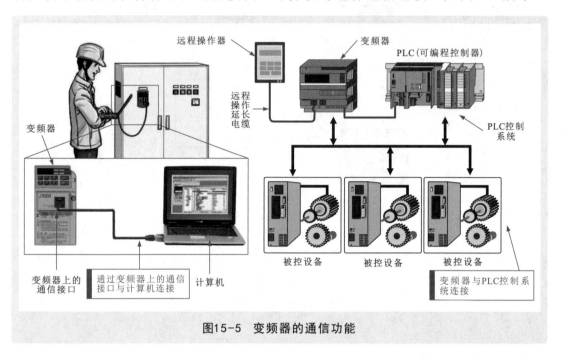

图15-5 变频器的通信功能

## 7 其他功能

变频器作为一种新型的电动机控制装置，除上述功能特点外，还具有运转精度高、功率因数可控等特点。

无功功率不但增加线损和设备的发热，更主要的是功率因数的降低会导致电网有功功率的降低，使大量的无功电能消耗在线路中，使设备的效率低下，能源浪费严重。使用变频调速装置后，由于变频器内部设置了功率因数补偿电路（滤波电容的作用），从而减少了无功损耗，增加了电网的有功功率。

### 15.1.2 变频器的应用

变频器是一种依托于变频技术开发的新型智能型驱动和控制装置，广泛地应用于交流异步电动机速度控制的各种场合，其高效率的驱动性能及良好的控制特性，已成为目前公认的最理想、最具有发展前景的调速方式之一。

变频器的各种突出功能使其在节能、提高产品质量或生产效率、改造传统产业使其实现机电一体化、工厂自动化、改善环境等各个方面得到了广泛的应用。其所涉及的行业领域也越来越广泛，简单来说，只要使用到交流电动机的场合，特别是需要运行中实现电动机转速调整的环境，几乎都可以应用变频器。

## 1 变频器在节能方面的应用

变频器在节能方面的应用主要体现在风机、水泵类等作为负载设备的领域中，一般可实现20%～60%的节电率。

图15-6所示为变频器在锅炉和水泵驱动电路中的节能应用。该系统中有两台风机驱动电动机和1台水泵驱动电动机，这3台电动机都采用了变频器驱动方式，耗能下降了25%～40%。

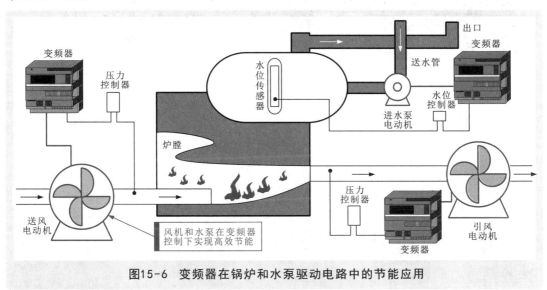

**图15-6 变频器在锅炉和水泵驱动电路中的节能应用**

## 2 变频器在提高产品质量或生产效率方面的应用

变频器的控制性能使其在提高产品质量或生产效率方面得到了广泛的应用，如传送带、起重机、挤压、注塑机、机床、纸/膜/钢板加工、印刷板开孔机等各种机械设备控制领域。

图15-7所示为变频器在典型挤压机驱动系统中的应用。挤压机是一种用于挤压一些金属或塑料材料的压力机，其具有将金属或塑料锭坯一次加工成管、棒、型材的功能。

> **补充说明**
>
> 采用变频器对该类机械设备进行调速控制，不仅可根据机械特点调节挤压机螺杆的速度，提高生产量，还可检测挤压机柱体的温度，实现控制螺杆的运行速度；另外，为了保证产品质量一致，使挤压机的进料均匀，需要对进料控制电动机的速度进行实时控制，为此，在变频器中设有自动运行控制、自动检测和自动保护电路。

## 3 变频器在改造传统产业、实现机电一体化方面的应用

近年来，变频器的发展十分迅速，在工业生产领域和民用生活领域都得到了广泛的应用，特别在一些传统产业的改造建设中起到了关键作用，使它们从功能、性能及结构上都有质的提高，同时可实现国家节能减排的基本要求。

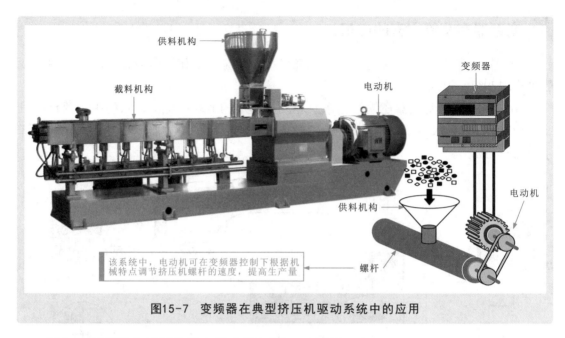

图15-7　变频器在典型挤压机驱动系统中的应用

例如，变频器在纺织机械中的应用如图15-8所示。

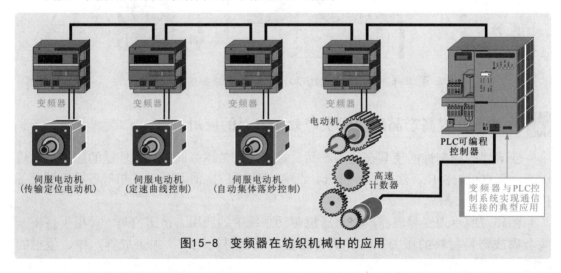

图15-8　变频器在纺织机械中的应用

纺织工业是我国最早的民族工业之一，在工业生产中占有举足轻重的地位，传统纺织机械的自动化也是我国工业自动化发展的一个重要项目。可编程控制器、变频器、伺服电动机、人机界面是驱动控制系统中不可缺少的组成部分。

在纺织机械中有多个电动机驱动的传动机构，互相之间的传动速度和相位都有一定的要求。通常，纺织机械系统中的电动机普遍采用通用变频器控制，所有的变频器统一由PLC控制。

## 4　变频器在自动控制系统中的应用

随着控制技术的发展，一些变频器除了基本的软启动、调速控制之外，还具有多种智能控制、多电动机一体控制、多电动机级联控制、力矩控制、自动检测和保护功能，输出精度高达0.01%～0.1%，由此在自动化系统中也得到了广泛的应用。常见的自动化系统主要有化纤工业中的卷绕、拉伸、计量，以及各种自动加料、配料、包装系统和电梯智能控制系统。

图15-9所为示变频器在电梯智能控制中的应用。在该电梯智能控制系统中，电梯的停车、上升、下降、停车位置等都是根据操作控制输入指令，变频器由检测电路或传感器实时监测电梯的运行状态，根据检测电路或传感器传输的信息实现自动控制。

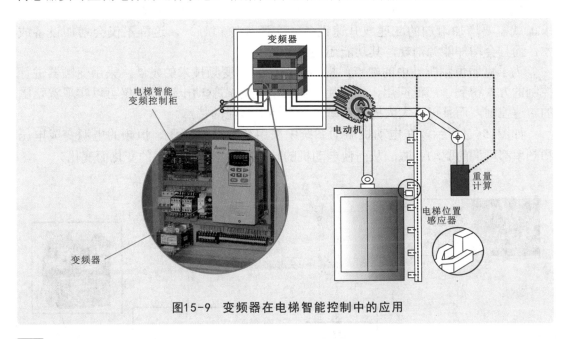

图15-9 变频器在电梯智能控制中的应用

## 5 变频器在民用改善环境中的应用

随着人们对生活质量和环境要求的不断提高，变频器除在工业上得到发展外，在民用改善环境方面也得到了一定范围的应用，如在空调系统及供水系统中，采用变频器可有效减小噪声、平滑加速度、防爆、提高安全性等。

图15-10所示为变频器在中央空调系统中的应用。

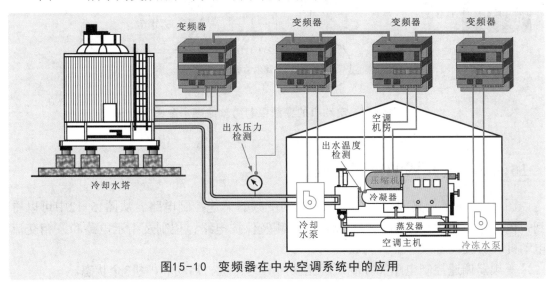

图15-10 变频器在中央空调系统中的应用

# 15.2 变频器的工作原理和控制过程

## 15.2.1 变频器的工作原理

传统的电动机驱动方式是恒频的，即用频率为50Hz的交流220V或380V电源直接驱动电动机。由于电源频率恒定，电动机的转速是不变的。如果需要满足变速的要求，就需要增加附加的减速或升速设备（变速齿轮箱等），这样不仅会增加设备成本，而且会增加能源消耗，其功能还受到限制。

为了克服恒频驱动中的缺点，提高效率，随着变频技术的发展，采用变频器进行控制的方式得到了广泛应用，即采用变频的驱动方式驱动电动机不仅可以实现宽范围的转速控制，而且可以大大提高效率，具有环保节能的特点。

如图15-11所示，在电动机驱动系统中采用变频器将恒压、恒频的电源变成电压和频率都可调的驱动电源，从而使电动机的转速随输出电源频率的变化而变化。

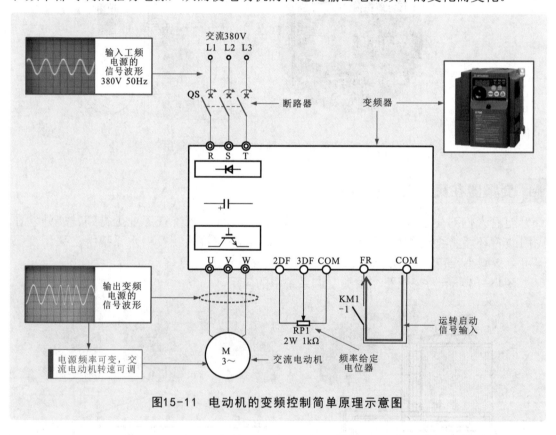

图15-11 电动机的变频控制简单原理示意图

## 15.2.2 变频器的控制过程

图15-12所示为典型三相交流电动机的变频器调速控制电路。从图15-12中可以看到，该电路主要由变频器、总断路器、检测及保护电路、控制及指示电路和三相交流电动机（负载设备）等部分构成。

变频器调速控制电路的控制过程主要可分为待机、启动和停机3个状态。

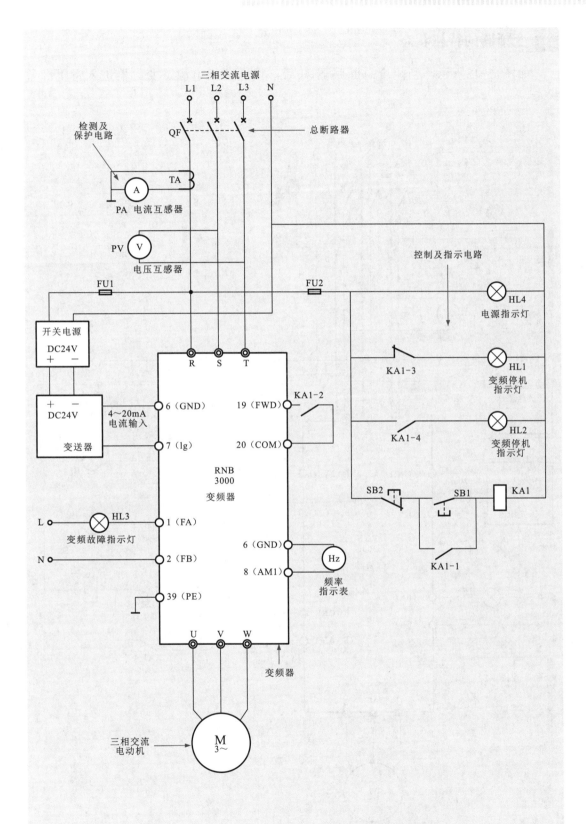

图15-12 典型三相交流电动机的变频器调速控制电路

## 1 变频器的待机状态

如图15-13所示，当闭合总断路器QF后，接通三相电源，变频器进入待机准备状态。

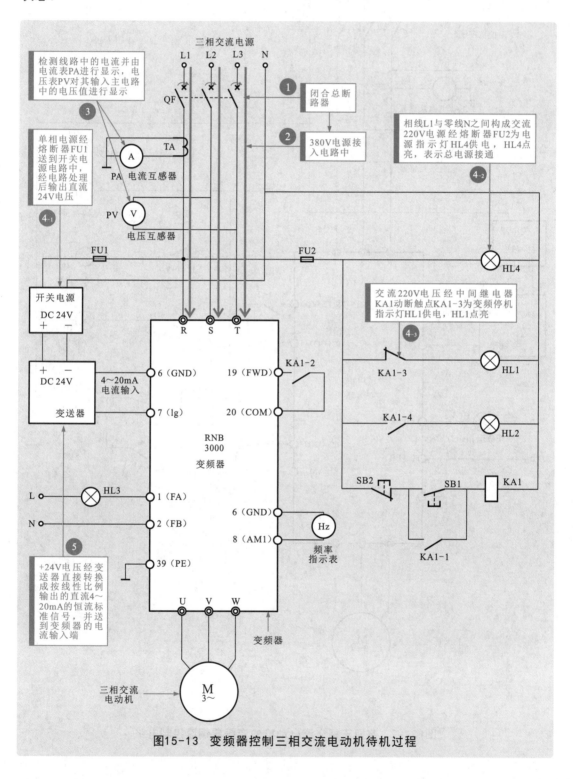

**图15-13 变频器控制三相交流电动机待机过程**

## 2 变频器控制三相交流电动机的启动过程

图15-14所示为按下启动按钮SB1后，由变频器控制三相交流电动机软启动的控制过程。

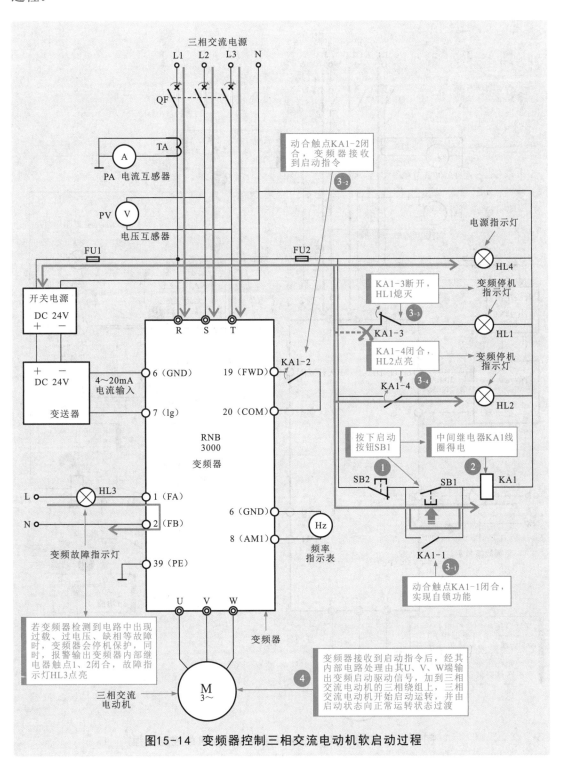

图15-14 变频器控制三相交流电动机软启动过程

## 3 变频器控制三相交流电动机的停机过程

图15-15所示为按下停止按钮SB2后，由变频器控制三相交流电动机停机的控制过程。

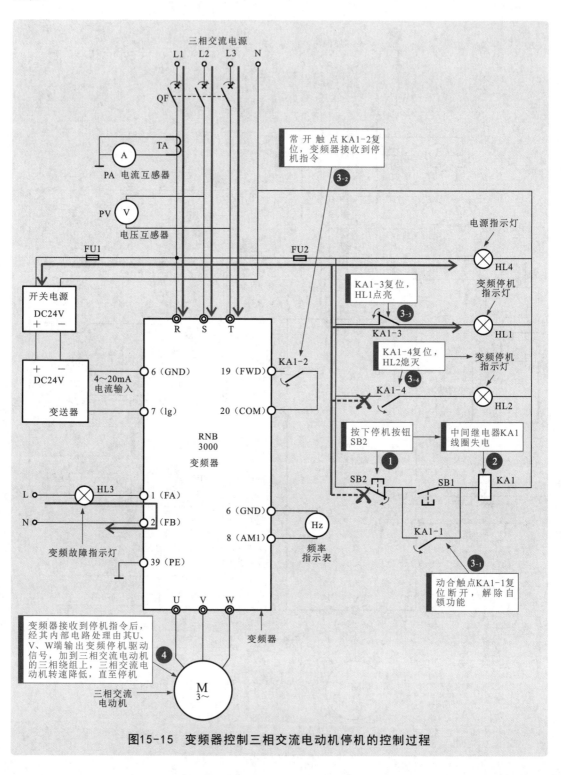

图15-15　变频器控制三相交流电动机停机的控制过程

# 15.3 变频技术的应用实例

## 15.3.1 变频技术在制冷设备中的应用

在制冷设备中，变频技术的引入使设备制冷或制热效率得到了提升，具有高效节能、噪声低、适应负荷能力强、启动电流小、温控精度高、适用电压范围广、调温速度快、保护功能强等特点。

图15-16所示为海信KFR-25GW/06BP型变频空调器中的变频电路。该变频电路主要由控制电路、过流检测电路、智能功率模块和变频压缩机构成。

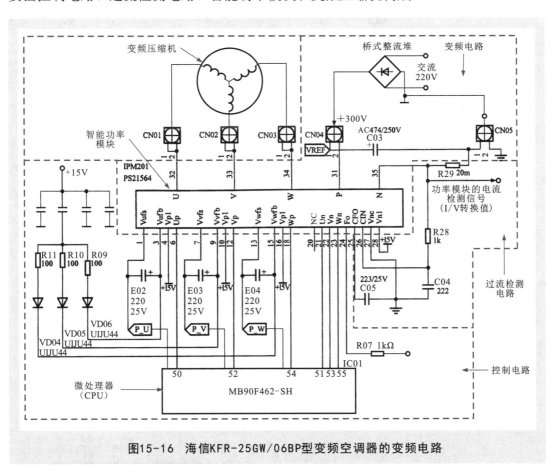

图15-16 海信KFR-25GW/06BP型变频空调器的变频电路

该电路中，变频电路满足供电等工作条件后，由室外机控制电路中的微处理器（MB90F462-SH）为变频模块IPM201/PS21564提供控制信号，经变频模块IPM201/PS21564内部电路的逻辑控制后，为变频压缩机提供变频驱动信号，驱动变频压缩机启动运转，具体工作过程如图15-17所示。

补充说明

图15-18所示为PS21564型智能功率模块的实物外形、引脚排列及内部结构，其各引脚标识及功能见表15-1。

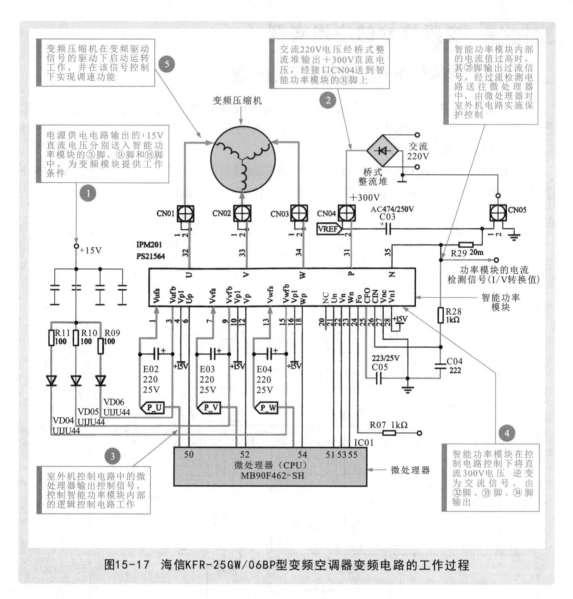

图15-17 海信KFR-25GW/06BP型变频空调器变频电路的工作过程

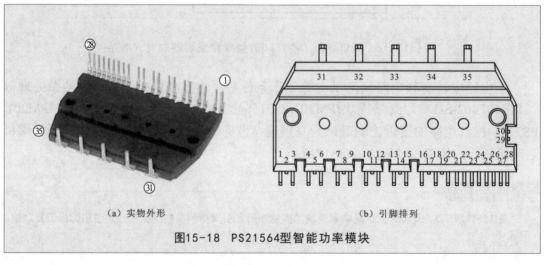

（a）实物外形　　　　　　　　（b）引脚排列

图15-18 PS21564型智能功率模块

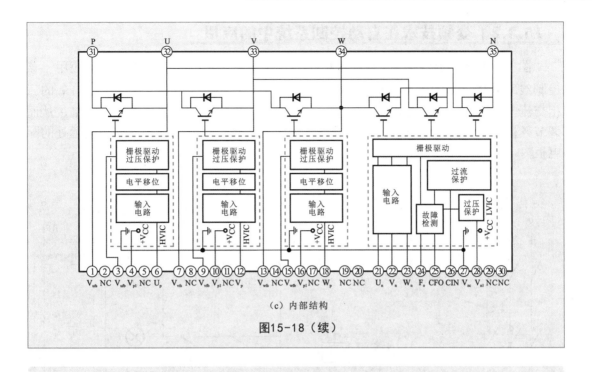

(c) 内部结构

图15-18（续）

表15-1 PS21564型智能功率模块引脚标识及功能

| 引脚 | 标识 | 引脚功能 | 引脚 | 标识 | 引脚功能 |
|------|------|----------|------|------|----------|
| ① | $V_{Uufs}$ | U绕组反馈信号 | ⑲ | NC | 空脚 |
| ② | NC | 空脚 | ⑳ | NC | 空脚 |
| ③ | $V_{ufb}$ | U绕组反馈信号输入 | ㉑ | $U_n$ | 功率晶体管U（下）控制 |
| ④ | $V_{p1}$ | 模块内IC供电＋15V | ㉒ | $V_n$ | 功率晶体管V（下）控制 |
| ⑤ | NC | 空脚 | ㉓ | $W_n$ | 功率晶体管W（下）控制 |
| ⑥ | $U_p$ | 功率晶体管U（上）控制 | ㉔ | $F_o$ | 故障检测 |
| ⑦ | $V_{vfs}$ | V绕组反馈信号 | ㉕ | CFO | 故障输出（滤波端） |
| ⑧ | NC | 空脚 | ㉖ | CIN | 过电流检测 |
| ⑨ | $V_{vfb}$ | V绕组反馈信号输入 | ㉗ | $V_{nc}$ | 接地 |
| ⑩ | $V_{p1}$ | 模块内IC供电＋15V | ㉘ | $V_{n1}$ | 欠电压检测端 |
| ⑪ | NC | 空脚 | ㉙ | NC | 空脚 |
| ⑫ | $V_p$ | 功率晶体管V（上）控制 | ㉚ | NC | 空脚 |
| ⑬ | $V_{wfs}$ | W绕组反馈信号 | ㉛ | P | 直流供电端 |
| ⑭ | NC | 空脚 | ㉜ | U | 接电动机绕组W |
| ⑮ | $V_{wfb}$ | W绕组反馈信号输入 | ㉝ | V | 接电动机绕组V |
| ⑯ | $V_{p1}$ | 模块内IC供电＋15V | ㉞ | W | 接电动机绕组U |
| ⑰ | NC | 空脚 | ㉟ | N | 直流供电负端 |
| ⑱ | $W_p$ | 功率晶体管W（上）控制 | —— | —— | —— |

## 15.3.2 | 变频技术在自动控制系统中的应用

图15-19所示为变频器在风机变频控制系统（燃煤炉鼓风机）中的典型应用。该控制线路采用康沃CVF-P2-4T0055型风机、水泵专用变频器，控制对象为5.5kW的三相交流电动机（鼓风机电动机）。变频器可对三相交流电动机的转速进行控制，从而调节风量，风速大小要求由司炉工操作，因炉温较高，故要求变频器放在较远处的配电柜内。

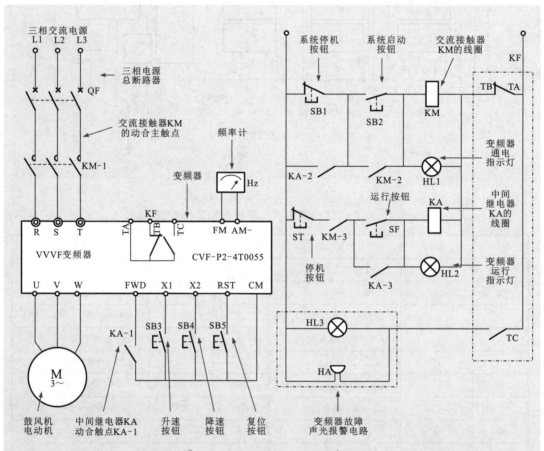

图15-19 变频器在风机变频控制系统（燃煤炉鼓风机）中的典型应用

补充说明

鼓风机是一种压缩和输送气体的机械。风压和风量是风机运行过程中的两个重要参数。其中，风压是管路中单位面积上风的压力；风量（GF）是空气的流量，指单位时间内排出气体的总量。

在转速不变的情况下，风压和风量之间的关系曲线称为风压特性曲线。风压特性与水泵的扬程特性相当，但在风量很小时，风压也较小；随着风量的增大，风压逐渐增大，当其增大到一定程度后，风量再增大，风压又开始减小。故风压特性曲线呈中间高、两边低的形状。

调节风量大小的方法有以下两种。

（1）调节风门的开度。转速不变，故风压特性也不变，风阻特性则随风门开度的改变而改变。

（2）调节转速。风门开度不变，故风阻特性也不变，风压特性则随转速的改变而改变。

在所需风量相同的情况下，调节转速的方法所消耗的功率要小得多，其节能效果十分显著。

图15-20所示为鼓风机的变频控制过程。

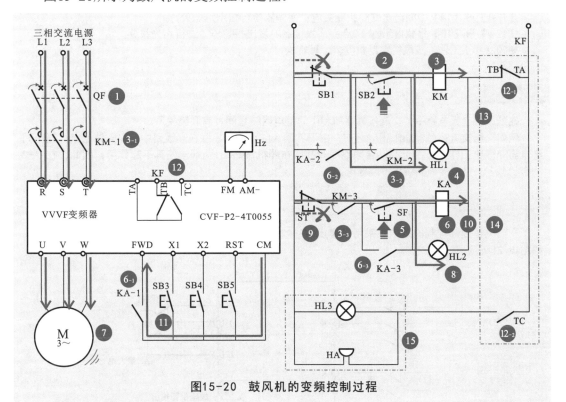

图15-20 鼓风机的变频控制过程

【1】合上总断路器QF，接通三相电源。

【2】按下启动按钮SB2，其触点闭合。

【3】交流接触器KM线圈得电：

　　【3-1】KM动合主触点KM-1闭合，接通变频器电源。

　　【3-2】KM动合触点KM-2闭合，实现自锁。

　　【3-3】KM动合触点KM-3闭合，为KA得电做好准备。

【3-2】→【4】变频器通电指示灯点亮。

【5】按下运行按钮SF，其动合触点闭合。

【3-3】+【5】→【6】中间继电器KA线圈得电。

　　【6-1】KA动合触点KA-1闭合，向变频器送入正转运行指令。

　　【6-2】KA动合触点KA-2闭合，锁定系统停机按钮SB1。

　　【6-3】KA动合触点KA-3闭合，实现自锁。

【6-1】→【7】变频器启动工作，向鼓风机电动机输出变频驱动电源，电动机开机正向启动，并在设定频率下正向运转。

【3-3】+【5】→【8】变频器运行指示灯点亮。

【9】当需要停机时，首先按下停止按钮ST。

【10】中间继电器KA线圈失电释放，其所有触点均复位：动合触点KA-1复位断开，变频器正转运行端FED指令消失，变频器停止输出；动合触点KA-2复位断开，解除对停机按钮SB1的锁定；动合触点KA-3复位断开，解除对运行按钮SF的锁定。

【11】当需要调整鼓风机电动机转速时，可通过操作升速按钮SB3、降速按钮SB4向变频器送入调速指令，由变频器控制鼓风机电动机转速。

【12】当变频器或控制电路出现故障时，其内部故障输出端子TA-TB断开，TA-TC闭合。

　　【12-1】TA-TB触点断开，切断启动控制线路供电。

　　【12-2】TA-TC触点闭合，声光报警电路接通电源。

【12-1】→【13】交流接触器KM线圈失电；变频器通电指示灯熄灭。

【12-1】→【14】中间继电器KA线圈失电；变频器运行指示灯熄灭。

【12-2】→【15】报警指示灯HL3点亮，报警器HA发出报警声，进行声光报警。

变频器停止工作，鼓风机电动机停转，等待检修。

## 补充说明

在鼓风机变频电路中，交流接触器KM和中间继电器KA之间具有联锁关系。

例如，当交流接触器KM未得电之前，由于其动合触点KM-3串联在KA线路中，KA无法通电；当中间继电器KA得电工作后，由于其动合触点KA-2并联在停机按钮SB1两端，使其不起作用，因此，在KA-2闭合状态下，交流接触器KM也不能断电。

## 补充说明

在鼓风机变频控制电路中，采用了康沃CVF-P2-4T0055型变频器，该变频器各接线端子配线情况如图15-21所示。

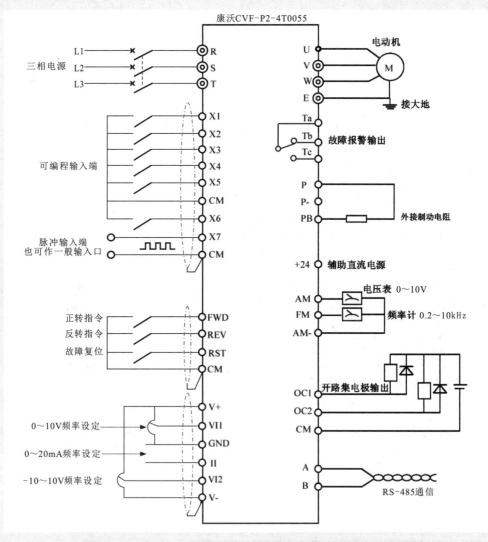

图15-21　康沃CVF-P2-4T0055型变频器各接线端子配线情况

# 第16章
# PLC技术特点与应用

## 16.1 PLC的功能应用

### 16.1.1 PLC的功能

PLC控制系统通过软件控制取代了硬件控制，用标准接口取代了硬件安装连接，用大规模集成电路与可靠元件的组合取代了线圈和活动部件的搭配。不仅大大简化了整个控制系统，而且也使控制系统的性能更加稳定，功能更加强大。

另外，在拓展性和抗干扰能力方面也有了显著的提高。在工业控制中，继电器-接触器控制系统与PLC控制系统的效果对比如图16-1所示。PLC不仅实现了控制系统的简化，而且在改变控制方式和效果时不需要改动电气部件的物理连接线路，只需要重新编写PLC内部程序即可。

（a）继电器-接触器控制系统　　　　　　　（b）PLC控制系统

视频：继电器控制与PLC控制

图16-1 继电器-接触器控制系统与PLC控制系统的效果对比

计算机、网络及通信技术和PLC的融合与发展，使PLC功能更加强大。

### 1 编程与调试功能

PLC通过存储器中的程序对I/O接口外接的设备进行控制，程序可根据实际应用编写，一般可将PLC与计算机通过编程电缆进行连接，实现对其内部程序的编写、调试、监视、实验和记录。这也是区别于继电器等其他控制系统最大的功能优势。

## 2 通信联网功能

PLC具有通信联网功能，可以与远程I/O、其他PLC、计算机、智能设备（如变频器、数控装置等）之间进行通信。

## 3 数据采集、存储与处理功能

PLC具有数学运算和数据的传送、转换、排序、位操作等功能，可完成数据采集、分析、处理等功能。这些数据还可与存储器中的参考值进行比较，完成一定的控制操作，也可以将数据进行传输或直接打印输出。

## 4 开关逻辑和顺序控制功能

PLC的开关逻辑和顺序功能是其应用最为广泛的领域，用于取代传统继电器的组合逻辑控制、定时、计数、顺序控制等；既可用于单台设备的控制，也可用于多机群控及自动化流水线，如注塑机、印刷机、组合机床、包装生产线、电镀流水线等。

## 5 运动控制功能

PLC使用专用的运动控制模块，对直线运动或圆周运动的位置、速度和加速度进行控制，如机床、机器人、电梯等。

## 6 过程控制功能

过程控制是指对温度、压力、流量、速度等模拟量的闭环控制。作为工业控制计算机，PLC能编制各种各样的控制算法程序，完成闭环控制。

## 16.1.2 | PLC技术的应用

目前，PLC已经成为生产自动化、现代化的重要标志。众多电子器件生产厂商投入到了PLC产品的研发中，PLC的品种越来越丰富，功能越来越强大。

## 1 PLC在电子产品制造设备中的应用

PLC在电子产品制造设备中的应用主要是实现自动控制功能。PLC在电子元件加工、制造设备中作为控制中心，使元件的输送定位驱动电动机、加工深度调整电动机、旋转电动机和输出电动机能够协调运转，相互配合实现自动化工作。图16-2所示为PLC在电子产品制造设备中的应用。

## 2 PLC在自动包装系统中的应用

在自动包装控制系统中，产品的传送、定位、包装、输出等一系列操作都按一定的时序（程序）进行动作，PLC在预先编制的程序控制下，由检测电路或传感器实时监测包装生产线的运行状态，根据检测电路或传感器传输的信息，实现自动控制。图16-3所示为PLC在自动包装系统中的应用。

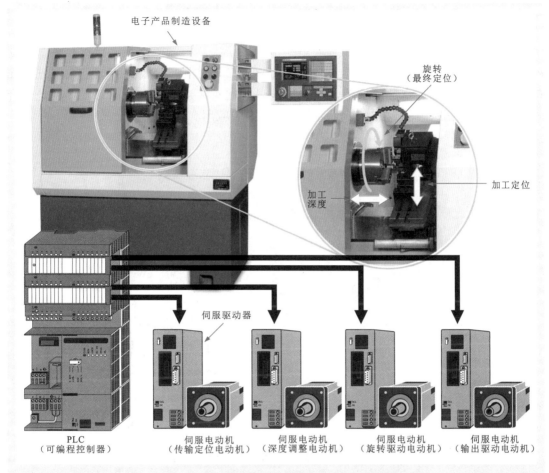

图16-2 PLC在电子产品制造设备中的应用

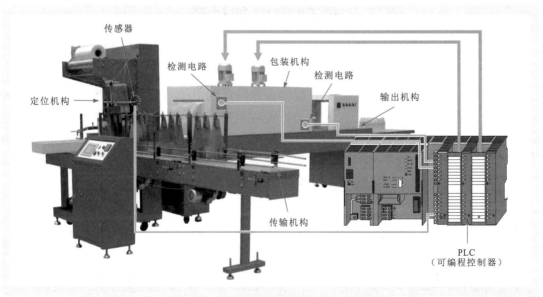

图16-3 PLC在自动包装系统中的应用

### 3 PLC在自动检测装置中的应用

在用于检测所生产零件弯曲度的自动检测系统中，检测流水线上设置有多个位移传感器，每个传感器将检测的数据送给PLC，PLC即会根据接收到的测量数据进行比较运算，得到零部件弯曲度的值，并与标准进行比对，从而自动完成对零部件是否合格的判定。图16-4所示为PLC在自动检测装置中的应用。

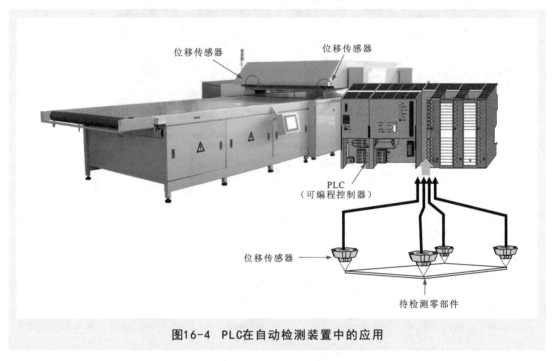

图16-4　PLC在自动检测装置中的应用

## 16.2　PLC的工作原理和控制过程

### 16.2.1　PLC的工作原理

PLC是一种以微处理器为核心的数字运算操作的电子系统装置，专门为大中型工业用户现场的操作管理而设计，它采用可编程程序存储器，用以在其内部存储执行逻辑运算、顺序控制、定时或计数和算术运算等操作指令，并通过数字式或模拟式的输入/输出接口，控制各种类型的机械或生产过程。

图16-5所示为PLC的整机工作原理框图。

> **补充说明**
>
> CPU（中央处理器）是PLC的控制核心，它主要由控制器、运算器和寄存器3部分构成，通过数据总线、控制总线和地址总线与I/O接口相连。
>
> PLC的程序是由工程技术人员通过编程设备（简称编程器）输入。目前，PLC的编程有两种方式：一种是通过PLC手持式编程器编写程序，然后传送到PLC内；另一种是利用PLC通信接口（I/O接口）上的RS-232串口与计算机相连后，通过计算机上专门的PLC编程软件向PLC内部输入程序。

编程器或计算机输入的程序输入到PLC内部，存放在PLC的存储器中。通常，PLC的存储器分为系统程序存储器、用户程序存储器和工作数据存储器。

用户编写的程序主要存放在用户程序存储器中，系统程序存储器主要用于存放系统管理程序、系统监控程序和对用户编制程序进行编译处理的解释程序。

当用户编写的程序存入后，CPU会向存储器发出控制指令，从系统程序存储器中调用解释程序将用户编写的程序进行进一步编译，使之成为PLC认可的编译程序。

存储器中的工作数据存储器用来存储工作过程中的指令信息和数据。通过控制及传感部件发出的状态信息和控制指令通过输入接口（I/O接口）送入存储器的工作数据存储器中。在CPU控制器的控制下，这些数据信息从工作数据存储器中调入CPU的寄存器，与编译程序结合，由运算器进行数据分析、运算和处理。最终，将运算结果或控制指令通过输出接口传送给继电器、电磁阀、指示灯、蜂鸣器、电磁线圈、电动机等外部设备及功能部件。这些外部设备及功能部件即会执行相应的工作。

在整个工作过程中，PLC的电源始终为各部分电路提供工作电压，确保PLC工作的顺利进行。

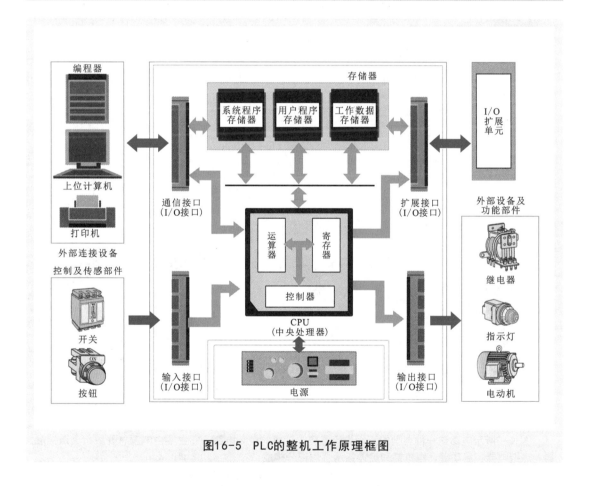

图16-5  PLC的整机工作原理框图

## 16.2.2  PLC对三相交流电动机连续运行的控制方式

连续控制是指按下电动机启动键后再松开，控制电路仍保持接通状态，电动机能够继续正常运转，在运转状态按下停机键，电动机停止运转，松开停机键，复位后，电动机仍处于停机状态。因此，这种控制方式也称为自锁控制。

图16-6所示为三相交流电动机连续运行控制电路的基本结构。

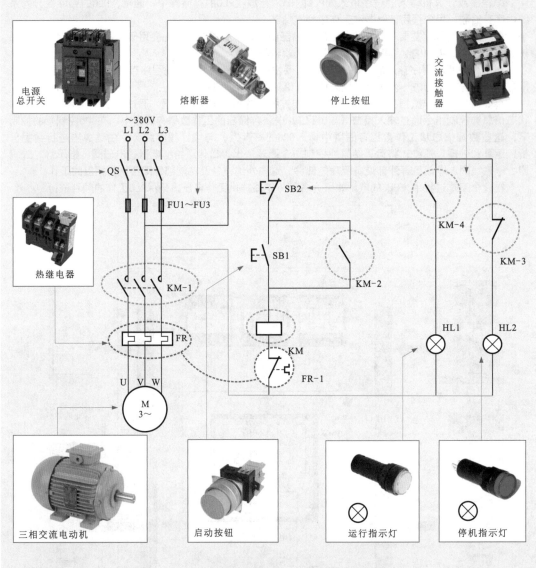

图16-6　三相交流电动机连续运行控制电路的基本结构

**补充说明**

　　图16-6所示电路是一种典型的三相交流感应电动机的控制电路。它主要由电源总开关、交流接触器、热继电器、启动键、停机键和启停指示灯等部分构成。

　　（1）电源总开关。电源总开关用于接通或切断交流三相380V电源。

　　（2）交流接触器。交流接触器用于控制接通或断开电动机供电的电源。

　　（3）热继电器。热继电器接在供电电路中，在温度过高的情况下自动切断电动机的供电，实现自动保护。

　　（4）启动键。启动键用于为交流接触器提供启动电压，使电路进入启动运转状态。

　　（5）停机键。停机键的功能是切断交流接触器线圈的供电通道，通过交流接触器使电动机停机。

　　（6）指示灯。指示灯为操作者提供工作状态的指示。

三相交流电动机连续控制电路基本上采用了交流继电器、接触器的控制方式。该种控制方式由于电气部件的连接过多，存在人为因素的影响，具有可靠性低、线路维护困难等缺点，将直接影响企业的生产效率。

由此，很多生产型企业采用PLC控制方式对其进行改进。图16-7所示为采用PLC对三相交流电动机连续运行的控制方式。表16-1所示为采用三菱FX$_{2N}$系列PLC控制电动机连续运行电路的I/O分配表。

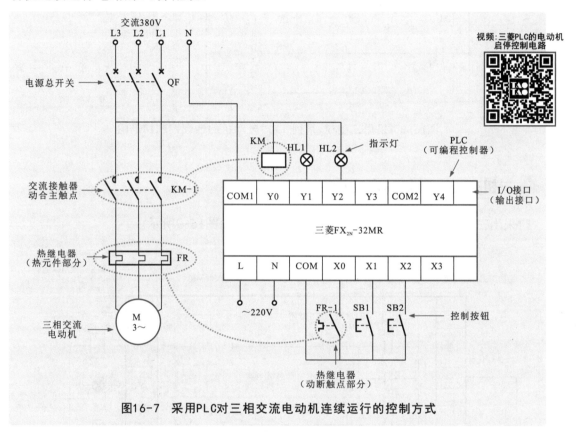

**图16-7 采用PLC对三相交流电动机连续运行的控制方式**

**表16-1 采用三菱FX$_{2N}$系列PLC控制电动机连续运行电路的I/O分配表**

| 输入信号及地址编号 | | | 输出信号及地址编号 | | |
| --- | --- | --- | --- | --- | --- |
| 名称 | 代号 | 输入点地址编号 | 名称 | 代号 | 输出点地址编号 |
| 热继电器 | FR-1 | X0 | 交流接触器 | KM | Y0 |
| 启动按钮 | SB1 | X1 | 运行指示灯 | HL1 | Y1 |
| 停止按钮 | SB2 | X2 | 停机指示灯 | HL2 | Y2 |

图16-7控制电路采用三菱FX$_{2N}$系列PLC。通过PLC的I/O接口与外部电器部件进行连接，提高了系统的可靠性，并能够有效地降低故障率，维护方便。当使用编程软件向PLC中写入控制程序，便可以实现外接电器部件及负载电动机等设备的自动控制。想要改动控制方式时，只需要修改PLC中的控制程序即可，大大提高了调试和改装效率。

图16-8所示为采用三菱FX$_{2N}$系列PLC对电动机的连续控制梯形图。

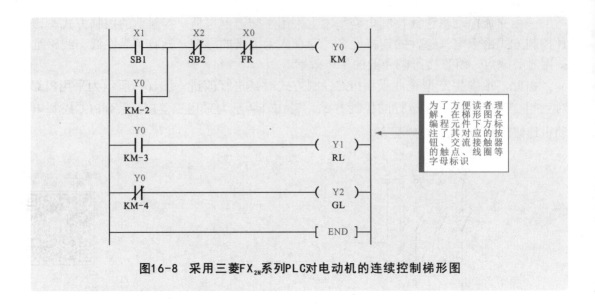

为了方便读者理解，在梯形图各编程元件下方标注了其对应的按钮、交流接触器的触点、线圈等字母标识

图16-8 采用三菱FX$_{2N}$系列PLC对电动机的连续控制梯形图

# 1 三相交流电动机的启动过程

采用三菱FX$_{2N}$系列PLC启动电动机工作的过程如图16-9所示。

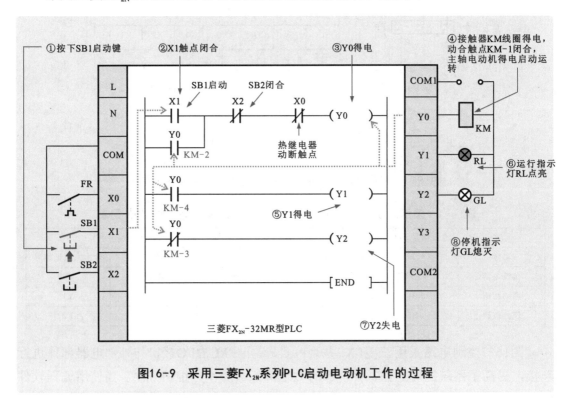

图16-9 采用三菱FX$_{2N}$系列PLC启动电动机工作的过程

# 2 三相交流电动机的停机过程

采用三菱FX$_{2N}$系列PLC控制电动机停机的工作过程如图16-10所示。

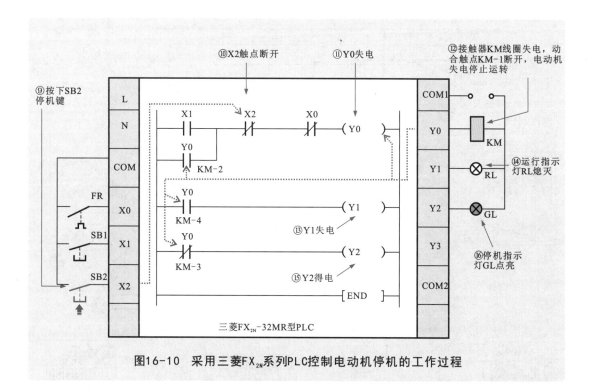

图16-10 采用三菱FX<sub>2N</sub>系列PLC控制电动机停机的工作过程

当按下停机键SB2时，其将PLC内的X2置1，即该触点断开，使得Y0失电，PLC外接交流接触器线圈KM失电。

Y0失电，动合、动断触点Y0（KM-2、KM-3、KM-4）复位，Y1失电，Y2得电，运行指示灯RL熄灭，停机指示灯GL点亮。

KM失电，主电路中的动合触点KM-1断开，电动机停止运转。

## 16.2.3 | PLC对三相交流电动机串电阻降压启动的控制方式

三相交流电动机的减压启动是指在电动机启动时，加在定子绕组上的电压小于额定电压，当电动机启动后，再将加在定子绕组上的电压升至额定电压。防止启动电流过大，损坏供电系统中的相关设备。该启动方式适用于功率在10kW以上的电动机或由于其他原因不允许直接启动的电动机上。

图16-11所示为三相交流电动机串电阻降压启动控制电路的基本结构。

**补充说明**

如图16-11所示，电路主要由供电电路和控制电路两部分构成。供电电路是由总电源开关QS、熔断器FU1～FU3、交流接触器KM1、KM2的主接触点（KM1-1、KM2-1）、启动电阻R1～R3、热继电器FR1和电动机M等构成的。控制电路由熔断器FU4、FU5，控制电路部分的动断停止按钮SB3、全压启动按钮SB2、减压启动按钮SB1，交流接触器KM1、KM2的线圈及动合触点（KM1-2、KM2-2）等构成。

另外，全压启动按钮SB2和减压启动按钮SB1具有顺序控制的能力，电路中KM1的动合触头串联在SB2、KM2线圈支路中，起顺序控制的作用，也就是说，只有KM1线圈先接通后，KM2线圈才能够接通，即电路先进入减压启动状态后，才能进入全压运行状态，达到减压启动、全压运行的控制目的。

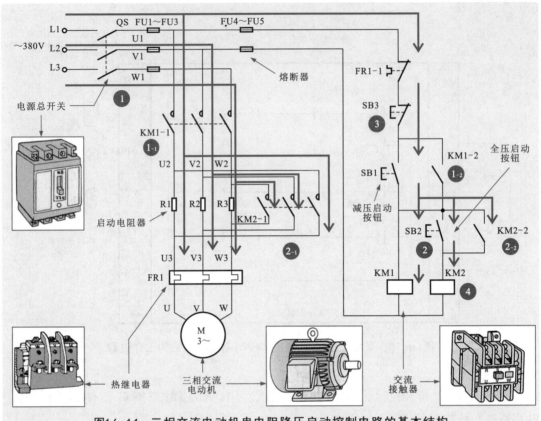

图16-11　三相交流电动机串电阻降压启动控制电路的基本结构

【1】合上电源总开关，按下减压启动按钮SB1，交流接触器KM1线圈得电。

　　【1-1】动合触点KM1-1接通，电源经串联电阻器R1、R2、R3为电动机供电，电动机减压启动开始。

　　【1-2】动合触点KM1-2接通，实现自锁功能。

【2】当电动机转速接近额定转速时，按下全压启动按钮SB2，交流接触器KM2的线圈得电。

　　【2-1】KM2-1接通，短接启动电阻器R1、R2、R3，电动机在全压状态下开始运行。

　　【2-2】交流接触器的动合触点KM2-2接通，实现自锁功能。

【3】当需要电动机停止工作时，按下停机按钮SB3。

【4】KM1、KM2线圈同时失电，触点KM1-1、KM2-1断开，电动机停止运转。

　　下面具体介绍用PLC实现对三相交流电动机降压启动的控制原理。

　　三相交流电动机的PLC降压启动控制电路如图16-12所示。

　　从图16-12所示的三相交流电动机串电阻降压启动控制电路的基本结构中可以看到，该电路主要由供电部分（包括电源总开关QS、熔断器FU1～FU3、降压电阻器R1～R3、交流接触器的动合主触点KM1-1、KM2-1和热继电器主触点FR）和控制部分（主要由控制部件、西门子S7-200型PLC和执行部件构成）。其中，控制部件（FR-1、SB1～SB3）和执行部件（KM1、KM2）都直接连接到PLC相应的接口上。

　　当使用编程软件向PLC中写入控制程序，便可以实现外接电器部件及负载电动机等设备的自动控制。想要改动控制方式时，只需要修改PLC中的控制程序即可，大大提高了调试和改装效率。

图16-13所示为采用西门子S7-200型PLC对电动机的串电阻减压启动控制梯形图。表16-2所示为采用西门子S7-200型PLC的三相交流电动机减压启动控制电路I/O分配表。

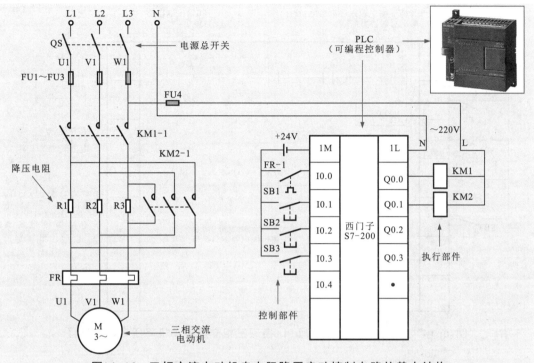

图16-12 三相交流电动机串电阻降压启动控制电路的基本结构

表16-2 采用西门子S7-200型PLC的三相交流电动机减压启动控制电路I/O分配表

| 输入信号及地址编号 | | | 输出信号及地址编号 | | |
|---|---|---|---|---|---|
| 名称 | 代号 | 输入点地址编号 | 名称 | 代号 | 输出点地址编号 |
| 热继电器 | FR-1 | I0.0 | 减压启动接触器 | KM1 | Q0.0 |
| 减压启动按钮 | SB1 | I0.1 | 全压启动接触器 | KM2 | Q0.1 |
| 全压启动按钮 | SB2 | I0.2 | | | |
| 停止按钮 | SB3 | I0.3 | | | |

图16-13 采用西门子S7-200型PLC对电动机的串电阻减压启动控制梯形图

## 1 三相交流电动机的降压启动过程

采用西门子S7-200型PLC实现三相交流电动机降压启动的过程如图16-14所示。

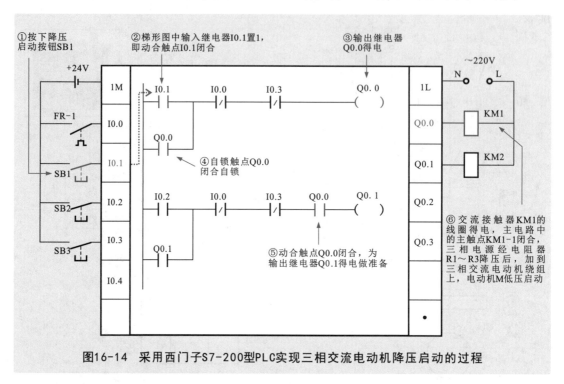

图16-14　采用西门子S7-200型PLC实现三相交流电动机降压启动的过程

当按下降压启动按钮SB1时，其将PLC内的I0.1置1，即该触点接通，使Q0.0得电，控制PLC外接交流接触器KM1线圈得电。

Q0.0得电，动合触点Q0.0（KM1-2）闭合自锁，Y1线路上的Y0闭合，为Y1得电做好准备，即为全压启动做好准备。

KM1得电，动合触点KM1-1闭合，电流经电阻R1～R3降压后，为电动机供电，使电动机在降压情况下启动运转。

## 2 三相交流电动机的全压启动过程

采用西门子S7-200型PLC实现三相交流电动机全压启动的过程如图16-15所示。

当按下全压启动按钮SB2时，其将PLC内的I0.2置1，即该触点接通，使Q0.1得电，控制PLC外接交流接触器线圈KM2得电。

Y1得电，动合触点Y1（KM2-2）闭合自锁；KM2得电，动合触点KM2-1闭合，此时启动电阻R1～R3被短接，电流经接触器动合触点KM1-1、KM2-1和热继电器FR1后，为电动机进行全压供电。

## 3 三相交流电动机的停机过程

采用西门子S7-200型PLC实现三相交流电动机停机的过程如图16-16所示。

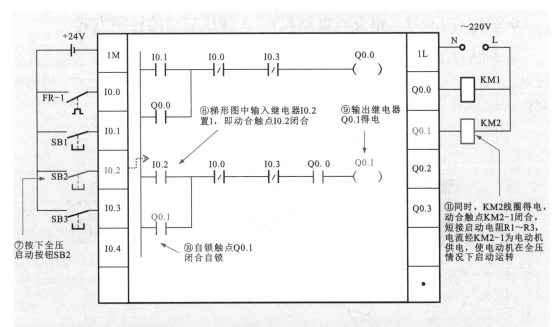

图16-15 采用西门子S7-200型PLC实现三相交流电动机全压启动的过程

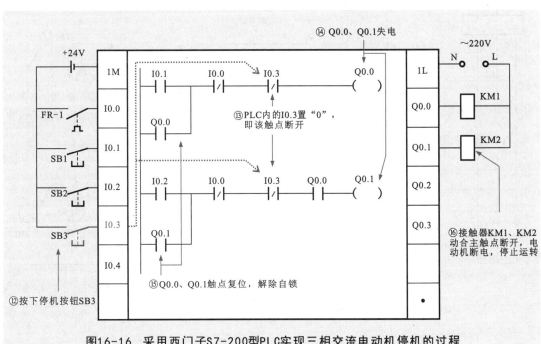

图16-16 采用西门子S7-200型PLC实现三相交流电动机停机的过程

当按下停机按钮SB3时，其将PLC内的I0.3置1，即该触点断开，使Q0.0、Q0.1失电，动合触点Q0.0（KM1-2）、Y1（KM2-2）复位断开，接触自锁。PLC外接交流接触器线圈KM1、KM2失电，主电路中的主触点KM1-1、KM2-1复位断开，切断电动机电源，电动机停止运转。

## 16.2.4 | PLC对三相交流电动机Y-△降压启动的控制方式

电动机Y-△降压启动控制电路是指三相交流电动机启动时，先由电路控制三相交流电动机定子绕组连接成Y形方式进入降压启动状态，待转速达到一定值后，再由电路控制三相交流电动机定子绕组换接成△形，进入全压正常运行状态。

图16-17所示为三相交流电动机Y-△降压启动控制电路的基本结构。

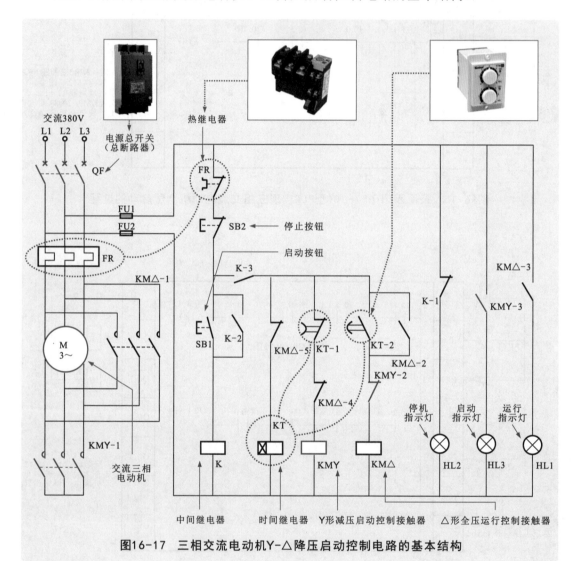

图16-17 三相交流电动机Y-△降压启动控制电路的基本结构

### 补充说明

典型电动机Y-△降压启动控制电路主要由总断路器QF、启动按钮SB1、停止按钮SB2、中间继电器K、交流接触器KMY/KM△、时间继电器KT、指示灯（HL1~HL3）、三相交流电动机等构成。

三相交流电动机的接线方式主要有星形连接（Y）和三角形连接（△）两种方式，如图16-18所示。对于接在电源电压为380V的电动机来说，当它采用星形连接时，电动机每相绕组承受的电压为220V；当它采用三角形连接时，电动机每相绕组承受的电压为380V。

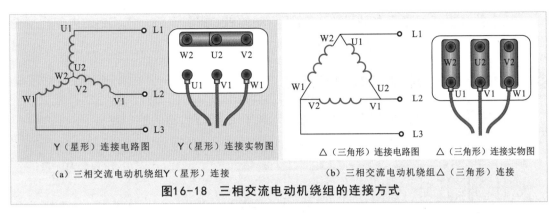

（a）三相交流电动机绕组Y（星形）连接　　　　　（b）三相交流电动机绕组△（三角形）连接

**图16-18　三相交流电动机绕组的连接方式**

　　三相交流电动机Y-△减压启动是指三相交流电动机在PLC控制下，启动时绕组Y（星形）连接减压启动；启动后，自动转换成△（三角形）连接进行全压运行。图16-19所示为三相交流电动机在PLC控制下实现Y-△降压启动的控制电路。表16-3所示为采用西门子S7-200型PLC的三相交流电动机Y-△减压启动控制电路I/O地址分配表。

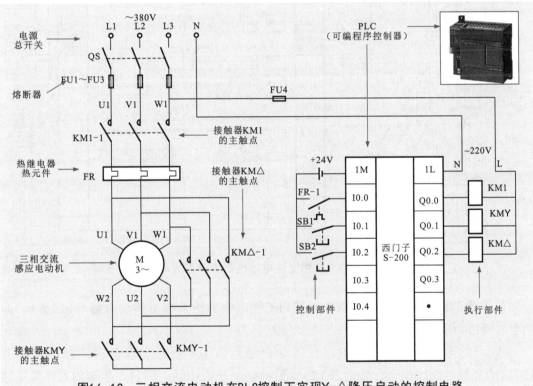

**图16-19　三相交流电动机在PLC控制下实现Y-△降压启动的控制电路**

**表16-3　采用西门子S7-200型PLC的三相交流电动机Y-△减压启动控制电路I/O地址分配表**

| 输入信号及地址编号 | | | 输出信号及地址编号 | | |
|---|---|---|---|---|---|
| 名称 | 代号 | 输入点地址编号 | 名称 | 代号 | 输出点地址编号 |
| 热继电器 | FR-1 | I0.0 | 电源供电主接触器 | KM1 | Q0.0 |
| 启动按钮 | SB1 | I0.2 | Y连接接触器 | KMY | Q0.1 |
| 停止按钮 | SB2 | I0.3 | △连接接触器 | KM△ | Q0.2 |
| | | I0.4 | | | |

识读并分析三相交流电动机Y-△减压启动的PLC控制电路，需将PLC内部梯形图与外部电气部件控制关系结合起来进行识读。

## 1 三相交流电动机的降压启动过程

图16-20所示为PLC控制下三相交流电动机Y-△降压启动的控制过程。

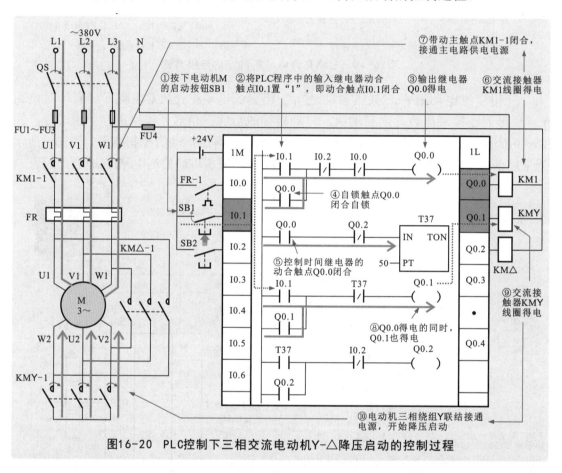

图16-20　PLC控制下三相交流电动机Y-△降压启动的控制过程

按下电动机M的启动按钮SB1，将PLC程序中的输入继电器动合触点I0.1置1，即动合触点I0.1闭合。

输出继电器Q0.0线圈得电，自锁动合触点Q0.0闭合，实现自锁；控制定时器T37的动合触点Q0.0闭合，定时器T37线圈得电，开始计时；同时，控制PLC外接接触器KMY线圈得电，带动主电路中主触点KMY-1闭合，电动机三相绕组Y形连接。

输出继电器Q0.1线圈同时得电，自锁动合触点Q0.1闭合，实现自锁；控制PLC外接电源供电主接触器KM1线圈得电，带动主触点KM1-1闭合，接通主电路供电电源，电动机开始降压启动。

## 2 三相交流电动机的全压运行过程

图16-21所示为PLC控制下三相交流电动机Y-△全压运行的控制过程。

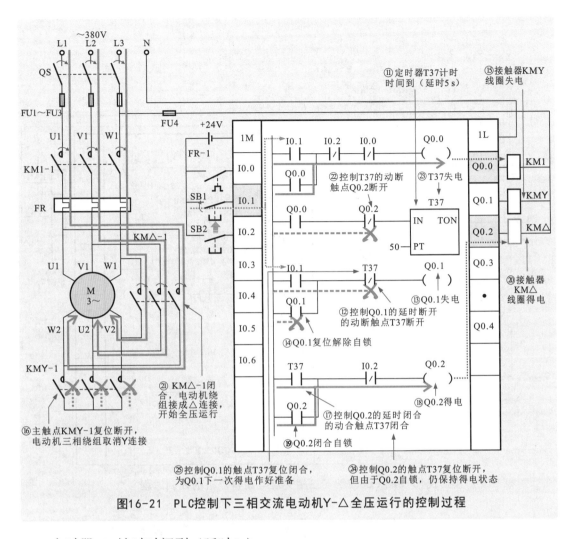

图16-21　PLC控制下三相交流电动机Y-△全压运行的控制过程

定时器T37计时时间到（延时5s）：

控制输出继电器Q0.1的延时断开的动断触点T37断开，输出继电器Q0.1线圈失电，其自锁动合触点Q0.1复位断开，解除自锁；控制PLC外接Y形接线接触器KMY线圈失电，电动机三相绕组取消Y形连接方式。

控制输出继电器Q0.2的延时闭合的动合触点T37闭合，输出继电器Q0.2线圈得电，其自锁动合触点Q0.2闭合，实现自锁功能；控制定时器T37的动断触点Q0.2断开；控制PLC外接△形接线接触器KM△线圈得电，带动主电路中主触点KM△-1闭合，电动机三相绕组接成△形，电动机开始△形连接运行。

定时器T37线圈失电，控制输出继电器Q0.2的延时闭合的动合触点T37复位断开，但由于Q0.2自锁，仍保持得电状态；同时，控制输出继电器Q0.1的延时断开的动断触点T37复位闭合，为Q0.1下一次得电做好准备。

## 3　三相交流电动机的停机过程

图16-22所示为PLC控制下三相交流电动机停机的控制过程。

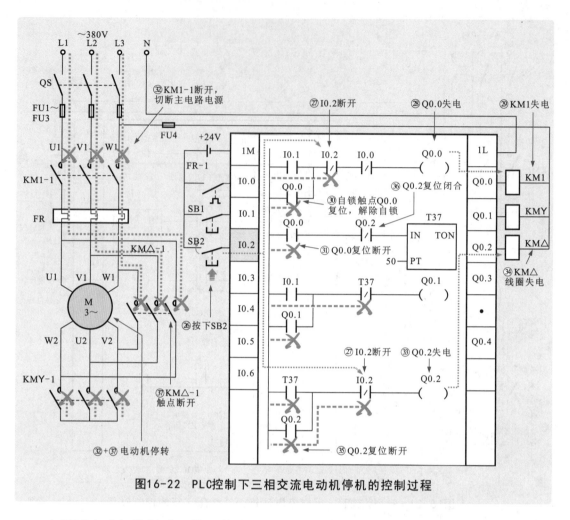

**图16-22 PLC控制下三相交流电动机停机的控制过程**

当需要电动机停转时，按下停止按钮SB2，将PLC程序中的输入继电器动断触点I0.2置"0"，即动断触点I0.2断开。输出继电器Q0.0线圈失电，自锁动合触点Q0.0复位断开，解除自锁；控制定时器T37的动合触点Q0.0复位断开；控制PLC外接电源供电主接触器KM1线圈失电，带动主电路中主触点KM1-1复位断开，切断主电路电源。

同时，输出继电器Q0.2线圈失电，自锁动合触点Q0.2复位断开，解除自锁；控制定时器T37的动断触点Q0.2复位闭合，为定时器T37下一次得电做好准备；控制PLC外接△连接接触器KM△线圈失电，带动主电路中主触点KM△-1复位断开，三相交流电动机取消△连接，电动机停转。

## 16.2.5 PLC对两台三相交流电动机联锁启停的控制过程

两台三相交流电动机联锁的控制电路是指电路中两台或两台以上的电动机顺序启动、反顺序停机的控制电路。电路中，电动机的启动顺序、停机顺序由控制按钮进行控制。

图16-23所示为两台三相交流电动机联锁启停控制电路的基本结构及控制过程。

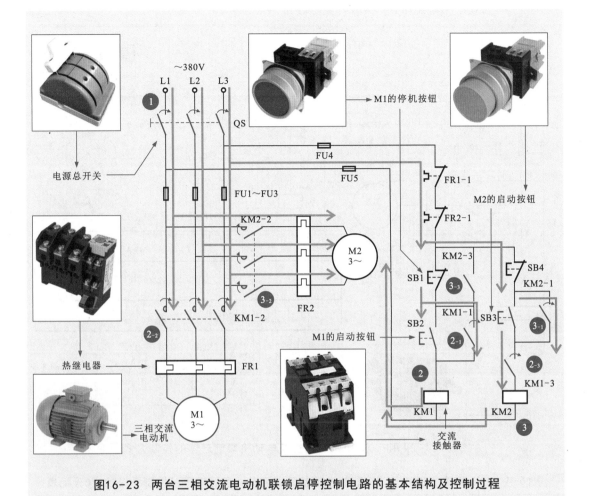

图16-23 两台三相交流电动机联锁启停控制电路的基本结构及控制过程

【1】合上电源总开关QS，并按下M1的启动按钮SB2。

【2】交流接触器KM1线圈得电，对应触点动作。

　　【2-1】动合辅助触点KM1-1接通，实现自锁功能。

　　【2-2】动合主触点KM1-2接通，电动机M1开始运转。

　　【2-3】动合辅助触点KM1-3接通，为电动机M2启动做好准备，也用于防止接触器KM2线圈先得电，使电动机M2先运转，起顺序启动的作用。

【3】当需要电动机M2启动时，按下M1的启动按钮SB3，交流接触器KM2线圈得电。

　　【3-1】动合辅助触点KM2-1接通，实现自锁功能。

　　【3-2】动合主触点KM2-2接通，电动机M2开始运转。

　　【3-3】动合辅助触点KM2-3接通，锁定停机按钮SB1，防止启动电动机M2时，按下电动机M1的停止按钮SB1，而关停电动机M1，起反顺序停机的作用。

　　两台三相交流电动机联锁启停的PLC控制电路是指通过PLC与外接电气部件配合实现对两台电动机先后启动、反顺序停止进行控制。

　　图16-24所示为采用PLC对两台三相交流电动机联锁启停的控制方式。表16-4所示为由三菱FX$_{2N}$-32MR PLC控制的电动机顺序启动、反顺序停机控制系统的I/O分配表。

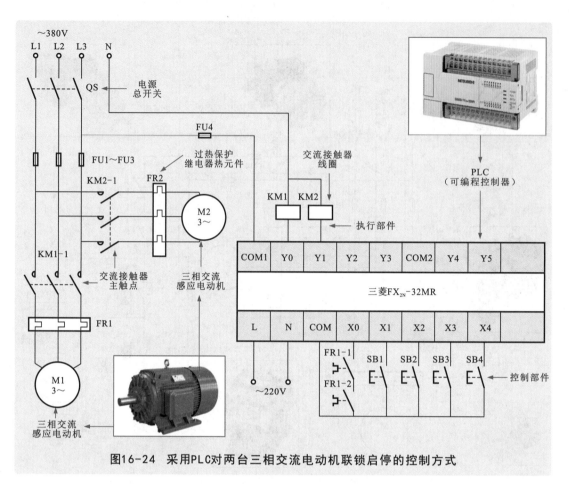

图16-24 采用PLC对两台三相交流电动机联锁启停的控制方式

表16-4 由三菱FX$_{2N}$-32MR PLC控制的电动机顺序启动、反顺序停机控制系统的I/O分配表

| 输入信号及地址编号 | | | 输出信号及地址编号 | | |
|---|---|---|---|---|---|
| 名称 | 代号 | 输入点地址编号 | 名称 | 代号 | 输出点地址编号 |
| 热继电器 | FR1、FR2 | X0 | 电动机M1交流接触器 | KM1 | Y0 |
| M1停止按钮 | SB1 | X1 | 电动机M2交流接触器 | KM2 | Y1 |
| M1启动按钮 | SB2 | X2 | | | |
| M2停止按钮 | SB3 | X3 | | | |
| M2启动按钮 | SB4 | X4 | | | |

## 1  两台三相交流电动机顺序启动过程

采用三菱FX$_{2N}$系列PLC控制两台三相交流电动机顺序启动的过程如图16-25所示。

闭合电源总开关QS，按下电动机M1的启动按钮SB2，PLC程序中输入继电器动合触点X2置1，即动合触点X2闭合，输出继电器Y0线圈得电，其自锁动合触点Y0闭合实现自锁；同时控制输出继电器Y1的动合触点Y0闭合，为Y1得电做好准备；PLC外接交流接触器KM1线圈得电，主电路中的主触点KM1-1闭合，接通电动机M1电源，M1启动运转。

---

按下电动机M2的启动按钮SB4，PLC程序中的输入继电器动合触点X4置1，即动合触点X4闭合，输出继电器Y1线圈得电，其自锁动合触点Y1闭合实现自锁功能；控制输出继电器Y0的动合触点Y1闭合，锁定动断触点X1，即锁定停机按钮SB1，用于防止启动电动机M2时，误操作按动电动机M1的停止按钮SB1，而关停电动机M1，不符合反顺序停机的控制要求。

PLC外接交流接触器KM2线圈得电，主电路中的主触点KM2-1闭合，接通电动机M2电源，M2继M1之后启动运转。

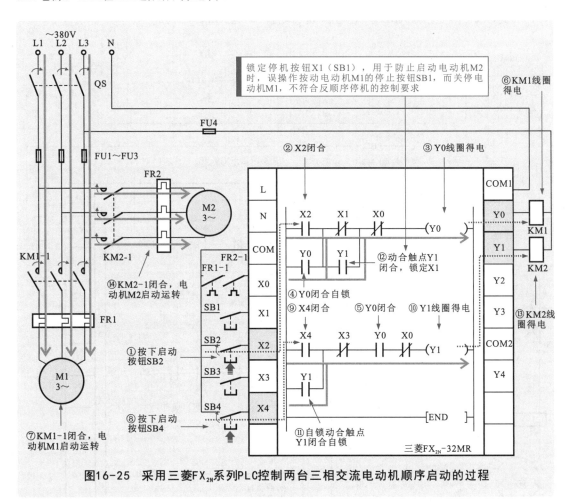

图16-25　采用三菱FX₂ₙ系列PLC控制两台三相交流电动机顺序启动的过程

## 2 两台三相交流电动机反顺序停机过程

采用三菱FX₂ₙ系列PLC控制两台三相交流电动机反顺序停机的过程如图16-26所示。

按下电动机M2的停止按钮SB3，将PLC程序中的输入继电器动断触点X3置1，即动断触点X3断开，输出继电器Y1线圈失电，其自锁动合触点Y1复位断开，解除自锁功能；同时联锁动合触点Y1复位断开，解除对动断触点X1的锁定，即解除停机按钮SB1的锁定，为可操作停机按钮SB1断开接触器KM1做好准备，实现反顺序停机的控制要求。

Y1线圈失电后，控制PLC外接的交流接触器KM2线圈失电，主电路中的主触点KM2-1复位断开，电动机M2供电电源被切断，M2停转。

按照反顺序停机的控制要求，按下停止按钮SB1，将PLC程序中输入继电器动断触点X1置1，即动断触点X1断开，输出继电器Y0线圈失电，其自锁动合触点Y0复位断开，解除自锁功能；同时，控制输出继电器Y1的动合触点Y0复位断开，以防止在Y0未得电的情况下Y1先得电，不符合顺序启动控制要求。

Y0线圈失电后，控制PLC外接的交流接触器KM1线圈失电，主电路中的主触点KM1-1复位断开，电动机M1供电电源被切断，M1继M2后停转。

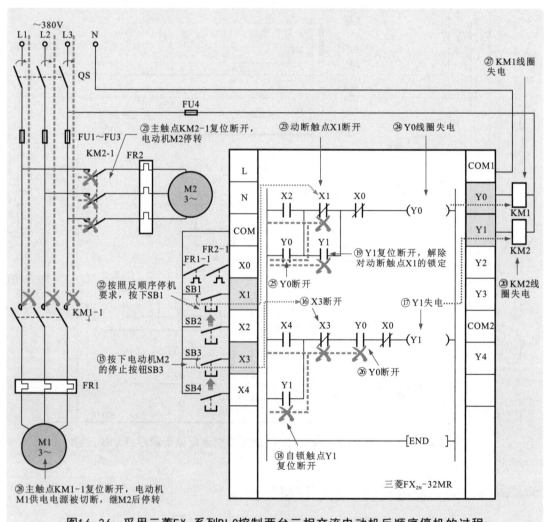

图16-26  采用三菱FX₂ₙ系列PLC控制两台三相交流电动机反顺序停机的过程